Supervisión de Obra

Lo que se Aprende en el Campo

Vol. 1 El Diario de Construcción

Tercera Edición

Conozca una metodología efectiva de documentar las actividades de construcción, entendiendo el entorno laboral del supervisor y las expectativas del trabajo de inspección.

Supervisión de Obra
Lo que se Aprende en el Campo

Volumen 1

El Diario de Construcción

(Tercera Edición)

Por

Ing. Alberto Munguía Mireles, P.E., PMP, M. ASCE

Con Colaboración Especial del

Ing. Arturo Munguía Sánchez

Advertencia

Ninguna parte de este libro electrónico puede ser reproducida, almacenada o transmitida en cualquier forma o por cualquier medio, sin el permiso previo por escrito del autor.

Si bien el autor ha hecho todo lo posible para garantizar que las ideas, estadísticas y la información presentada en este libro electrónico sean exactas a la mejor de sus capacidades, cualquier implicación directa, derivada o percibida, sólo debe utilizarse a discreción del lector. El autor no se hace responsable de ningún daño personal o comercial que surja de la comunicación, aplicación o interpretación errónea de la información presentada en el presente documento. Debido a la naturaleza del internet algunas ligas pueden no estar actualizadas.

Supervisión de Obra

Lo que se Aprende en el Campo

Volumen 1

(Tercera Edición)

El Diario de Construcción

Contenido

Prólogo

El tema principal de este volumen se refiere a documentar correctamente las actividades diarias y los eventos críticos de la obra en construcción. también se tocan otros temas relacionados con la supervisión de obra. Mucho de lo que aquí encontrarás, no se aprende en las escuelas de ingeniera civil sino en el ejercicio de esta bella profesión. En esta serie de libros se comparten temas valiosos para aquellos dedicados a la supervisión de obras de infraestructura. En las lecciones, se describen situaciones reales, aspectos socioambientales y conocimientos necesarios para poder escribir informes diarios útiles. Este volumen incluye un procedimiento especifico que ilustra las secciones que integran un reporte diario de supervisión de la construcción adecuado. El procedimiento se ha creado mediante el análisis de métodos eficaces utilizados por consultantes exitosos y más de cincuenta mil horas de experiencia ganada en el manejo de la gestión de proyectos durante las fases de iniciación, planificación, ejecución, monitoreo, control y cierre. En mis más de veinticinco años de carrera en la prestación de servicios de ingeniería civil durante la construcción e inspección de proyectos de infraestructura, encontré muchas situaciones en las que un informe diario bien escrito responsabilizó de las acciones o falta de acciones al encargado de la construcción, a la supervisión o al cliente. Por eso es importante entender que un reporte bien escrito y oportuno ayuda en la mitigación de riesgos emergentes. Los jóvenes aprenderán que cuando surge un problema grave, donde grandes cantidades de dinero se requieren para solucionar el problema en mano, la busca de culpables y de quién pagará los costos de reparación empieza.

Este libro muestra una metodología probada que, si se utiliza bien y diariamente, será de utilidad no solamente para el usuario sino para el encargado de la gerencia del proyecto. La información será consistente y detallada y por lo tanto útil. La metodología para colección de datos de campo que aquí se enseña, ayudará a los supervisores y a la gerencia de obras en el seguimiento de los costos, el seguimiento y la mejora de los usos de los recursos, y la documentación de cómo se desarrolla un proyecto de conformidad con los documentos contractuales.

Esta referencia no es un libro de gestión de proyectos ordinario destinado a ser leído y luego almacenado en un estante. Este documento ha sido eficazmente usado como manual de entrenamiento para nuevo personal que se incorpora al proyecto. El contenido es relevante porque describe al estudiante las expectativas de la información que los gerentes de proyectos e ingenieros de construcción necesitan para llevar el proyecto a su finalización exitosa. La información también es valiosa porque informa sobre lo que se espera de los supervisores de obra al escribir los reportes diarios de construcción. El libro es útil para aquellos ingenieros que han recientemente emigrado o quieren emigrar a los Estados Unidos y que tienen que hacer la transición de la forma de supervisar y administrar la construcción en México a los modos usados en USA. Pero es definitivamente valiosa para los ingenieros recién egresados que tienen interés de trabajar en la industria de la construcción. Ya que tendrán conocimiento buscado por compañías, que reconocen la importancia de los individuos con habilidades de escribir reportes diarios de construcción útiles en la mitigación de riesgos. Saber reportar las actividades de los proyectos, es una ventaja competitiva que debe reflejarse en los currículos para resaltar entre otros candidatos cuando se busca empleo.

A lo largo de los años aprendí que una manera efectiva de reducir problemas de comunicación con los supervisores de nuevo ingreso era recorrer el proyecto con ellos y explicar las expectativas de la información que había que recabar a través de sus reportes diarios. Juntos revisamos los procesos de construcción, equipos utilizados, especificaciones relacionadas al trabajo ejecutado por el Contratista e identificamos los conceptos de trabajo para ligarlos con el catálogo de precios. Al recorrer el proyecto simultáneamente el inspector llenaba su libreta de campo para registrar las observaciones.

Para aclarar el párrafo anterior a nuestros lectores en México; es importante decir que los catálogos de conceptos de precios unitarios en los Estados Unidos de Norteamérica son menos detallados que los catálogos de precios unitarios en México, por lo que el supervisor al inspeccionar su tramo debe ser capaz de reconocer el alcance del concepto ejecutado para ligarlo al concepto de pago. Por ejemplo: Si el contratista esta rellenando, nivelando el terreno y colocando varillas de refuerzo para colar concreto en una banqueta, el supervisor debe saber que esos trabajos pertenecen al precio por pie cuadrado de la banqueta. A diferencia de México donde el pago de nivelación, relleno, colocación de refuerzo y colado de concreto se paga en precios unitarios individuales.

Aprendí que las personas podían generar todo tipo de información al describir el trabajo del contratista, pero el reto es guiarlos en la documentación de información relevante que realmente ayuda a identificar y documentar el riesgo. Soy consciente de que la tecnología como los teléfonos inteligentes y las tabletas o computadoras portátiles están sustituyendo las libretas de campo en las cuales tradicionalmente se escribía a mano. A pesar de eso este documento mantiene su relevancia porque los principios para escribir los informes siguen siendo los mismos, ya sea que se escriban a mano o se usen aparatos electrónicos. Como gerente del proyecto no podemos, ni debemos evitar la responsabilidad de guiar a nuestro personal para ayudarles a cumplir con sus deberes. De ahí la necesidad de crear una fuente de información y una herramienta de capacitación para enseñarles a escribir informes diarios útiles. El tiempo es el recurso más importante del ser humano pues una vez gastado es perdido para siempre. Por eso intento transmitir mis experiencias a las nuevas generaciones de supervisores esperando acortar su curva de aprendizaje. El contenido de este trabajo es conocimiento adquirido fuera de las aulas. Es conocimiento necesario que no se imparte en las escuelas de ingeniería. Esta información es vital para que los supervisores proporcionen servicios de inspección que satisfagan las expectativas del cliente. La metodología usada incluye procedimientos utilizados por expertos en la construcción y supervisión de obras viales pero que pueden extenderse a cualquier supervisión de obras de infraestructura.

Los servicios de supervisión en Texas se conocen como servicios de construcción, ingeniería e inspección "CE&I" por sus siglas en ingles Construction Engineering and Inspection. En Texas existen otros modelos de servicios para supervisión, inclusive diferentes modalidades de CE&I. Hay servicios de CE&I en los que solo se requiere al Consultante poner a personal a la disposición de Departamento de transportación (Department of Transportation, "DOT"), y otros en los que el Consultante es una extensión del DOT y el consultor se encarga de todos los aspectos relacionados con la supervisión. Lo que este documento describe se refiere al caso donde el consultor es responsable de la supervisión en todos los aspectos de la construcción. En estos casos los equipos de supervisión informan directamente al personal del Departamento de Transportación de Texas, "TxDOT" por sus siglas en ingles Texas Department of Transportation. Por lo general, el departamento asigna al menos un gerente de proyecto y un inspector que monitorea y supervisa el trabajo del consultor, pero esto depende de la magnitud del proyecto.

En Texas, existen muchas empresas de Ingeniería que otorgan el servicio de supervisión, pero debido a la gran cantidad de proyectos por ejecutar, encontrarse con inspectores experimentados es difícil. Texas se enfrenta a enormes desafíos a corto plazo que incluyen la escasez de inspectores bien capacitados y gerentes de proyectos que poseen el conocimiento y la experiencia para llevar a cabo proyectos complejos al nivel de detalle y calidad que las especificaciones que TxDOT exige. Hay que aclarar que en Estados Unidos las cuadrillas que conforman los equipos de inspección son formados por lo general con un ingeniero que funge como gerente de la supervisión, un ingeniero de obra, y los niveles inferiores por personal que no necesariamente cuenta con estudios universitarios pero que típicamente cuentan con certificaciones de algún tipo que los califica para hacer trabajos de inspección. De hecho, a los inspectores se les llama Observadores de la Construcción. Si bien los observadores de construcción pueden ser competentes para realizar pruebas o inspecciones rutinarias del progreso del trabajo, generalmente no tienen los antecedentes técnicos para garantizar el cumplimiento de las especificaciones de diseño a menos que se les de entrenamiento específico. Por eso muchas personas que han trabajado en equipos de contratista como líderes de cuadrillas de obra intentan pasarse a los equipos de inspección. Pues asumen que lo único requerido para ejercer el trabajo de inspector es saber hacer la construcción.

Estas personas pronto aprenden que las habilidades necesarias para el personal de inspección son diferentes de las habilidades necesarias para aquellas que se dedican a la construcción, o al mantenimiento de tramos carreteros, lo que se suma al desafío de encontrar equipos de inspección calificados. Buenos candidatos para ocupar puestos de inspección son aquellos que les gusta leer, son capaces de escribir reportes, saben interpretar o pueden aprender a entender planos, pueden cuantificar proyectos y no tienen problemas con trabajar en condiciones ambientales extremas. Mis preferidos son los recién egresados de escuelas de Ingeniería, ingenieros extranjeros experimentados que no han revalidado sus estudios de ingeniero en los E.U. e inspectores experimentados en trabajos del Departamento de transportación. Lo cierto es que identificar inspectores que cuenten con las habilidades necesarias no es problema. El problema es encontrarlos disponibles.

Muchas empresas implementan políticas para conseguir ingenieros e inspectores retirados del TxDOT. El Departamento de transportación en Texas es bien conocido por la capacitación que brinda a sus empleados. Sus programas de capacitación son buenos y cuando hay inspectores experimentados disponibles son muy solicitados. Ahora, supongamos que todos podemos conseguir algo de personal disponible de esa manera; estas personas por lo general trabajan un par de años más y finalmente se retiran. Otro problema con depender de personal que solo ha trabajado para una agencia gubernamental es que los individuos logren adaptarse a su nuevo papel. Esto es, entender que su role ha cambiado de ser el cliente y tener la palabra final, a ser el consultor y hacer recomendaciones al cliente para su decisión final.

Ser empleado en la iniciativa privada tiene diferencias esenciales con ser empleado de una entidad pública y se debe estar alerta para asegurar que el personal ex gubernamental se adapte a sus nuevos niveles de autoridad. Se debe poner especial atención en asegurar que los nuevos miembros del equipo entienden como es la interacción para delimitar la autoridad y la responsabilidad entre el Consultor, el Departamento de transportación y el Contratista.

Otro problema común que se tiene que resolver se refiere a las inconsistencias de inspección entre proyectos que dependen de un solo Distrito, pero más complejo es resolver inconsistencias de inspección entre diferentes Distritos. En teoría, todo el Estado de Texas utilizas las mismas especificaciones de obra. El problema radica en cómo y cuándo se aplican los requerimientos de las especificaciones.

Estos temas y algunos otros más son tratados en esta serie de libros. Creo imperativo reconocer el problema y trabajar en la solución. Mi motivación para escribir estas líneas es participar en el desarrollo continuo de las personas ayudándolas a alcanzar la satisfacción personal. Creo que esto se logra en parte, cuando otros reconozcan su nivel de comprensión en la importancia de mitigar riesgos, comunicar y documentar las actividades diarias de la construcción. Espero proporcionar contenido útil que ayude al lector a obtener parte de la capacitación que necesitan para tener éxito en sus labores de supervisión.

Empresarios consultantes se beneficiarán significativamente de estas páginas porque sus empleados conocerán una manera exitosa de anticiparse a riesgos emergentes de manera consistente y, por lo tanto, serán más eficaces en la entrega de proyectos de buena calidad.

Mi Misión es instruir a jóvenes ingenieros, gerentes de proyectos, estudiantes, contratistas, subcontratistas, supervisores e inspectores dedicados a la industria de la construcción de carreteras sobre cómo utilizar las herramientas y técnicas disponibles para proporcionar consistencia en los servicios de inspección. Además, mostrar cómo se pueden documentar adecuadamente los procesos de construcción demostrando cómo el equipo resolvió problemas, implementó soluciones y cumplió con los requisitos para entregar el proyecto al menor costo y en el menor tiempo.

Servicios de inspeccion en Austin, Texas, USA

Comparto con otros la idea de esparcir el conocimiento con las nuevas generaciones. En algún momento de nuestras vidas cuando después de haber adoptado altos estándares de comportamiento y dedicación al crecimiento personal, me parece que es una buena causa ayudar a otros a alcanzar la satisfacción en el trabajo que hacen.

Soy firme creyente de dirigir a otros con el ejemplo. En la práctica he demostrado que mis experiencias pueden contribuir en la entrega de proyectos en conformidad con las especificaciones; las limitaciones de calidad, el alcance, su presupuesto, programación y prioridades de las partes interesadas.

Es mi Visión formar equipos de personas innovadoras, formados y comprometidos con el desarrollo técnico y económico de su organización, centrados en satisfacer las necesidades y deseos del cliente.

Con este trabajo espero inspirar al lector a trabajar en un modo ordenado y sistemático, cumpliendo los objetivos establecidos, subiendo así por encima de los demás y obteniendo reconocimiento por su trabajo ejemplar.

Los problemas de las sociedades son oportunidades para crecer personalmente. No le pidamos a la vida la carencia de problemas. Pidamos mejor, tener la voluntad para capacitarnos y aprender diariamente para adquirir el conocimiento que nos ayude a resolverlos.

Ing. Alberto Munguía Mireles, P.E. PMP, M. ASCE

Mantener registros completos y detallados de cada proceso o conceptos de obra, no solo es una buena idea, sino que también es una expectativa intrínseca que se espera del inspector o supervisor. Esta actividad es esencial para el control eficiente del trabajo, puesto que ayudan en el alcance de los objetivos de la empresa supervisora y del proyecto en ejecución. Los registros detallados son necesarios para el manejo adecuado de riesgos y oportunidades que puedan presentarse. El reporte diario es diferente a lo que en México se conoce como bitácora de obra. De hecho, el llenado de bitácoras de obra en los Estados Unidos no se lleva a cabo.

El Informe diario de campo es un mecanismo de documentación esencial en el que el inspector, supervisor, o gerente, tiene que indicar no sólo lo que sucedió en un día determinado o a lo largo de un período especifico. También tiene que describir si el contratista siguió el procedimiento definido y si los resultados cumplieron con los requisitos establecidos en los documentos del contrato. Un informe diario es una herramienta que un inspector, supervisor o persona encargada con esta tarea utiliza para documentar cómo el proyecto se está desarrollando de conformidad con los documentos contractuales y sirve de base para analizar rendimientos de producción. Entienda que los informes de trabajo diarios relacionados con informes de costos unitarios, mantienen un sistema de costos eficiente. Sin la recopilación de datos precisos, los gerentes de construcción tendrían pocas bases para sustentar la tarea de controlar el alcance y el costo de la obra.

Actualmente los reportes diarios son comúnmente elaborados electrónicamente. Hay algunas aplicaciones inclusive donde el inspector escribe el reporte y son compartidos en tiempo real con los niveles de administración superiores. Definitivamente el uso de computadoras o tabletas con formatos ya preestablecidos facilitan esta tarea. En el pasado se utilizaban libretas llamadas de campo. En el libro de campo o tabletas electrónicas, registramos información de tal manera que pueda ser consultada para confirmar los detalles de los hechos cuando las preguntas de cualquier parte de la obra o la ejecución de cualquier parte se conviertan en un problema. La información también es la base para el apoyo en la elaboración o defensa de reclamaciones en ambas direcciones que involucran a todas las partes interesadas.

Las empresas corren un alto riesgo si descuidan los informes de campo porque no reconocen su valor hasta que hay un problema. Las empresas están asumiendo un riesgo muy grande si no capacitan a sus inspectores, supervisores o líderes en este tema. Expertos en administración de obras reconocen que uno de los problemas más significativos con los informes de campo diarios es que la información en ellos es necesaria sólo cuando un riesgo potencial se hace realidad. Si el riesgo se materializa o si surge un problema, la información registrada en los informes es vital para la asignación de responsabilidades y determinación de costos adicionales.

Cuanto mejores sean las notas, más fácil será lidiar con los problemas de obra. Por ejemplo, durante la instalación de un par de vigas de acero en un proyecto, observé cómo el Sobrestante del contratista estaba teniendo problemas para instalar las trabes metálicas. El encargado de la instalación sospechó que los capiteles del apoyo número 4 estaban demasiado bajos puesto que la viga no descansaba en los capiteles del apoyo número 3. Este efecto se da porque los segmentos de las vigas metálicas son atornillados entre ellas por encima del capitel número 4. La brigada de topografía del constructor confirmó que todo el capitel número 4, efectivamente estaba aproximadamente dos pies por debajo del nivel necesario.

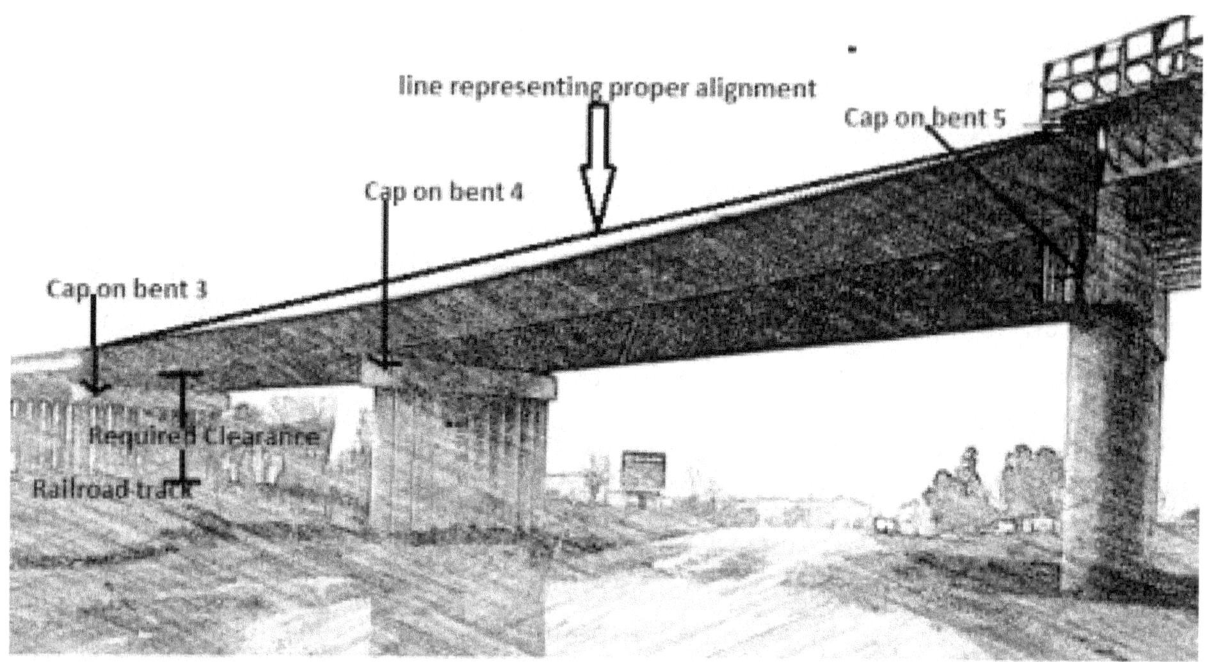

En la foto se muestran los capiteles del soporte #4 colados a una elevación menor de la necesaria

En ese momento, pedí al contratista que suspendiera la instalación de las vigas faltantes y verificara la elevación de todos los capiteles para confirmar que se habían construido de acuerdo con los planos de construcción.

Para nuestros lectores en México, cabe aclarar; que los servicios de supervisión de carreteras en el estado de Texas no incluyen los servicios de topografía. Esto se hace para agilizar la construcción del proyecto y para librar al cliente de litigaciones causadas por discrepancias en niveles topográficos. Esto es; el Contratista asume toda la responsabilidad de construir el proyecto a los niveles indicados en los planos.

Continuando con el relato, el contratista insinuó que continuaría con la instalación del resto de los pares de vigas. Por lo que también pedí verificaran si en caso de continuar con la instalación la viga más baja cumpliría con el mínimo claro libre necesario sobre las vías del ferrocarril como estaban suponiendo. Afirmaron que las estructuras en los apoyos dos, tres, cuatro y cinco estaban de acuerdo con los planos de construcción y que el mínimo claro libre sobre las vías del ferrocarril cumpliría con el mínimo requerimiento a pesar de este problema. El contratista decidió proceder con la instalación de las vigas restantes incluyendo las trabes de concreto para el claro entre los soportes tres y dos.

Tres días después, cuando la última viga metálica que coincidentemente tendría el claro libre menor fue instalada, verifiqué si el mínimo claro libre sobre la vía del ferrocarril cumplía con el requisito. No fue así. El costo de retirar esas vigas y elevar la estructura fue de alrededor de $2 millones de dólares. ¿Quién fue legalmente responsable de este costo adicional? Esa es una pregunta que debe responderse en otro momento. Lo principal en esta lección es que al ser yo responsable de la supervisión identifiqué que la situación requería que se escribiera información detallada en el informe diario para mantener el riesgo de continuar con el trabajo del lado del contratista. O, en otras palabras, mitigar el riesgo de que mi empresa fuera legalmente responsable del costo adicional por permitir que los trabajos continuaran.

La nota era larga, pero aquí comparto parte de ella: Después de evaluar la nueva información presentada por la brigada de topografía del contratista regresé y me reuní con el supervisor de instalaciones para recomendar que detuviera la colocación de las vigas hasta que el diseñador revisara este asunto. El Contratista comentó que la Gerencia de su empresa le instruyó que continuara con la instalación de las vigas, ya que no había nada que pudieran hacer y el costo diario de grúas era muy alto. Le dije que de continuar con las instalaciones considerara que cualquier costo adicional por trabajos de corrección como desmontar las vigas para modificar la estructura o cualquier forma de corrección del problema de elevaciones sería al costo del contratista, ya que el diseñador debería revisar el problema antes de que pudieran reiniciar los trabajos.

Como he dicho antes, el contratista optó por continuar con la instalación. El contratista acepto el riesgo de incurrir en costos adicionales cuando procedieron a realizar una actividad sin obtener la autorización por escrito para continuar con el trabajo a pesar del problema de elevaciones en el soporte número cuatro. Ahora entiendo que hubo conversaciones a niveles por encima de mi autoridad, pero al final el único registro que apareció sobre este tema fue la nota que yo escribí en mi reporte diario.

Un constructor debidamente capacitado escribiría algo así en su informe: Me reuní con el inspector principal del proyecto para discutir el error de diseño encontrado en las elevaciones de los capiteles en el apoyo número cuatro. La supervisión ha solicitado que se detenga la instalación de las vigas restantes para permitir que el diseñador revise la situación y recomiende una acción para continuar. He explicado que detener la operación causará un costo adicional por tiempo perdido y la desmovilización y movilización de cuadrillas y equipos. Por lo tanto, nos reservamos el derecho de solicitar una compensación por todos los costos adicionales y por el retraso en el programa de construcción. Más tarde me puse en contacto con la Gerencia de obra y le expliqué la conversación con el inspector principal. La Gerencia instruyó continuar con la instalación.

Una nota como esa habría sido de valor real para el contratista y su empresa. En realidad, esa nota nunca existió y la situación acabo en litigación. La nota en el caso del constructor era importarte para establecer que la ejecución del proyecto fue de conformidad con los planos y que los costos de reparación serian responsabilidad de alguien más. El constructor falló en reconocer que es responsabilidad del contratista probar o justificar todas las reclamaciones y solicitudes de tiempo adicional y compensación con prontitud. La manera más efectiva de probar o justificar algo es por escrito.

Ahora, el instalador pudo no saber si la Gerencia había notificado al ingeniero responsable de la supervisión por escrito, sobre la intención de buscar una compensación por el tiempo y el dinero extra. Desde el punto de vista del instalador; la Gerencia tal vez ya había obtenido la autorización adecuada para continuar con el trabajo cuando se le instruyó que continuara con el proceso de instalación. En cualquier caso, nunca debemos olvidar que la responsabilidad de mitigar riesgos cae en las personas de campo y el cumplimiento total de sus responsabilidades incluye la narración de los problemas y las soluciones. El supervisor de instalaciones pudo fácilmente pasar el riesgo de costos adicionales a la supervisión quien es típicamente una extensión del dueño del proyecto. El Contratista pudo evitar riesgos innecesarios cuando siguió las instrucciones del inspector principal y transmitió la intención de solicitar una compensación adicional una vez que había conocimiento de la base para la solicitud del reclamo.

Desafortunadamente, la creación de informes diarios carecientes de valor real es una práctica común ya sea por parte del contratista o por parte de la supervisión. Quiero decir que es probable que un inspector no entrenado o poco experimentado falle en la identificación de un riesgo. La consecuencia sería escribir informes poco útiles que no describan como sucedieron los eventos. Un ejemplo de esto sería escribir una nota que dijera: "El contratista continuó colocando vigas de acero en los apoyos 3 y 4." Esta nota no ayudaría a la empresa de inspección a transferir, mantener o mitigar el riesgo de que el contratista procediera a realizar trabajos no autorizados. Otro ejemplo de falta de capacitación para identificar el riesgo y documentarlo en los informes diarios es simplemente escribir nada en absoluto.

El inspector, supervisor o persona encargada de construcción debe comenzar sus deberes con la profunda comprensión de que la responsabilidad de documentar riesgos es un requisito fundamental del puesto. No documentar el evento correctamente, es una deficiencia significativa en la ejecución de su trabajo debido a la naturaleza crítica de la información. La comprensión y el uso adecuados de los informes diarios podrían ayudar a evitar o mitigar un riesgo colosal.

Tenemos que aceptar la idea de que existe una alta probabilidad de que la mayor parte de la información escrita en esos informes nunca sea consultada porque no hubo problemas. Sin embargo, debemos enfrentarnos a la realidad de que cuando hay un problema, se necesitará información muy detallada. Tenemos que darnos cuenta de que resolver un problema y asignar la rendición de cuentas requiere obtener una comprensión profunda de los problemas y la secuencia de los eventos. El informe debe responder ¿Quién? ¿Qué? ¿Cómo? ¿Cuándo? y ¿Dónde?

Además, dado que, por supuesto, no hay manera de determinar de antemano la información específica que podríamos necesitar en el futuro en el caso de que ocurra un evento adverso, es crucial mantener toda la información en un grado aceptable de detalle. Ejemplos de eventos negativos que podrían requerir informes detallados incluyen un terraplén que falla una prueba de densidad de campo, no cumplir con los requisitos de resistencia del concreto hidráulico, una apariencia de agrietamiento por contracción debido a rápido secado en losas, o el uso adicional de concreto debido a una nivelación inadecuada en la plantilla de carpeta asfáltica colocada sobre la rasante del terraplén.

En conclusión, la capacitación es vital para garantizar que los trabajadores sepan cómo llevar registros útiles. Escribir informes útiles e identificación de riesgos es una habilidad, pero también es un reflejo del nivel de competencia de la persona. Por lo tanto, buscar continuamente el consejo y la ayuda de personas más experimentadas cuando ocurre una situación inesperada; nos ayudará a mitigar con éxito el riesgo.

Para que cualquier proyecto de construcción se complete con éxito y dentro de los parámetros de calidad previamente establecidos en el contrato, se deben alcanzar varios factores. Uno de ellos es la estrecha colaboración entre el contratista y los representantes de inspección para comprender claramente los requisitos del contrato.

El inspector y el constructor revisando resultado de pruebas en terraplenes

Deben estar convencidos de pensar y actuar en equipo porque los beneficios obtenidos son de gran valor para la resolución óptima de cualquier problema. Problemas que surgen durante la construcción cuando intentamos modificar el entorno en beneficio de la humanidad.

Los contratistas deben entender que los inspectores deben informarles sobre el incumplimiento de los requisitos del contrato. Los inspectores deben saber que la notificación oportuna de las deficiencias es esencial para facilitar la corrección de los problemas. también tienen que pensar que no pueden interferir con la administración del trabajo y que todo lo que se requiere de los contratistas es proporcionar materiales y realizar el trabajo en una conformidad razonablemente cercana con las elevaciones, calidad, secciones transversales, dimensiones, detalles, gradaciones, características físicas y químicas de los materiales, y otros requisitos mostrados en el contrato. Ambas partes deben entender que los límites razonablemente cercanos a la conformidad se definen en los elementos respectivos del contrato o si no, se definen según lo determinado por el ingeniero. Por lo tanto, una clara comprensión de la especificación antes del comienzo del trabajo es crucial para asegurar un proceso de construcción fluido.

Ser también consciente de la necesidad de mantener canales de comunicación claros para establecer las reglas de comportamiento entre todos es esencial para evitar situaciones comprometedoras o inesperadas. La inspección debe ser estricta, pero al mismo tiempo debe ser razonable. Después de todo el contratista no debe buscar como disminuir la calidad de los trabajos, pero tampoco se le puede pedir aumentar los niveles de calidad por encima de los alcances del proyecto sin esperar compensación por ello. Esto es, la responsabilidad de mantener los costos del proyecto, tiempo de ejecución y alcance del proyecto en base al contrato es tanto del constructor como del supervisor. Pero esto no significa que el balance se alcance porque el inspector deduce pagos injustificadamente o porque el contratista busque cobrar injustificadamente por trabajos ya incluidos en el alcance del proyecto.

Para tener mayores posibilidades de mantener esos límites establecidos por el contrato, los planos y especificaciones deben ser claros. En caso de encontrar ambigüedades en ellos ambos deben ponerse de acuerdo para definir los alcances y así el constructor poder estimar adecuadamente el costo de los trabajos. Es mejor encontrar estas ambigüedades antes de iniciar los trabajos por lo que se dice que la inspección va por delante de la construcción.

Un inspector experimentado una vez me dijo: "Asegúrate de conocer los detalles de lo que estas inspeccionando. Esto lo logras estudiando el contrato, los planos, así como conociendo las especificaciones, pero también debes utilizar el sentido común. Los trabajos deben inspeccionarse desde su inicio y a través de su proceso de construcción. Es clave buscar siempre mantener un flujo de comunicación con el constructor, así como tener una relación cortés y profesional. Si se descubre un problema se debe buscar resolverlo antes de escalar la situación a un nivel superior. Me he topado también con contratistas que piensan que el inspector tiene un nivel inferior a él y evitan establecer líneas abiertas de comunicación porque frecuentemente quieren modificar los alcances de los trabajos ignorando las observaciones del inspector. La mayoría de las veces estas personas no conocen los detalles o alcances de los proyectos y tratan de tomar atajos produciendo una baja calidad, argumentando que están ejecutando el proyecto de la manera en que su compañía cotizó los trabajos independientemente de las especificaciones del proyecto. En el caso de la obra pública, nuestro trabajo como inspector es proteger el dinero del contribuyente y asegurarnos de que el estado o la entidad que representamos obtenga el resultado esperado con la calidad por la que está pagando".

Otro supervisor experimentado me recomendó; "Debes saber cuáles son tus responsabilidades como inspector, al igual que el contratista debe conocer sus obligaciones. Los contratistas apreciarán a un inspector que es respetuoso e informativo, pero mantiene su distancia cuando ellos están tratando de ser productivos. Los inspectores aprecian saber que el contratista estudia planos, contratos y otros documentos con la intención de cumplir con ellos. Esa es la mejor manera para que ninguna de las partes se encuentre con problemas en el futuro".

Por mi parte aprendí que los buenos contratistas tienen un plan para completar el trabajo con la calidad y los plazos en mente. Los buenos inspectores deben confiar, pero verificar y mantener a todas las partes al tanto de los resultados de las pruebas, de los posibles conflictos, de trabajo que se realizan fuera de los parámetros del contrato y cuestiones de seguridad.

Sin embargo, debemos reconocer que las sociedades no son perfectas y la industria de la construcción no es ajena a esta realidad. Dependiendo del país donde ejercemos nos enfrentamos con diferentes niveles de corrupción. Estas situaciones son muy complejas y peligrosas cuando se presentan a nivel de obra.

Expertos recomiendan que se tenga políticas establecidas dentro del proyecto donde abiertamente se discuten las reglas esenciales de interacción entre la supervisión, contratistas y subcontratistas. Una forma efectiva de hacer esto es durante una junta de proyecto donde se les recuerda a todos en el equipo independientemente del role que desempeñan, que deberán cumplir con todas las leyes aplicables, normativa y regulaciones de cualquier jurisdicción que resulte aplicable a los efectos del contrato, incluida convenciones anticorrupción. En esta reunión se pide que no se reciba ni ofrezca, que no se pague, o se prometa pagar, ya sea directa o indirectamente, nada de valor a un funcionario público o a un tercero del ámbito privado que esté relacionado con cualquier oportunidad de negocio objeto del presente Convenio; además, se les recuerda del compromiso de las Partes a notificar inmediatamente, por escrito y de forma detallada, en el caso de que reciban cualquier requerimiento de pago ilícito por parte de un funcionario público o de un tercero del ámbito privado, relativo a los trabajos vinculados

Si todas las partes son receptivas y se manejan dentro de los parámetros de legalidad aplicable es muy probable que la relación entre supervisor y constructor sea productiva y llevadera. Por último; siempre hay que recordar que las cabezas más frías siempre prevalecerán en las situaciones desafiantes que de vez en cuando se encontrarán.

No hay razón para ser enemigos. Trabajemos en equipo.

La responsabilidad principal del inspector es ver que el trabajo que se le ha asignado se ejecuta de acuerdo con los planos y especificaciones. En ocasiones el supervisor recibirá instrucciones de modificar las especificaciones del proyecto. Cuando tales instrucciones no se reciban por escrito, el inspector debe incluir el cambio del proyecto en su informe diario. Por lo general, los reportes diarios son revisados y aprobados por la gerencia de supervisión. El inspector debe escribir sus observaciones a lo largo de la obra, señalando todas las advertencias e instrucciones dadas al contratista. Debe escribir su informe teniendo en cuenta la idea de que después de que una estructura o elemento construido ha sido aceptado por la supervisión, puede ser demasiado tarde para responsabilizar al contratista de un defecto encontrado en el futuro.

Uno de mis jefes me dijo alguna vez: "Si un inspector no monitorea que el trabajo se haga correctamente es muy probable que no se hará".

Aprendí que se obtienen mejores resultados cuando se asume que los trabajos del contratista incluyen defectos o inconformidades con la especificación y que era mi función encontrarlos para que se corrigieran oportunamente. Esta filosofía es más efectiva a la de suponer que todos los trabajos realizados por el contratista son ejecutados cumpliendo con todos los requerimientos establecidos en los planos y especificaciones. La razón es simple; si se asume que los trabajos están bien hechos, entonces el supervisor no se da a la tarea de revisar a detalle los trabajos del constructor. Al revés, si se asume que los trabajos ejecutados tienen problemas, entonces el inspector tiende a revisar a detalle los trabajos del constructor. Si no se encuentran problemas es siempre bueno felicitar al contratista por los trabajos bien hechos. Si se encuentran problemas hay que evaluar si se requiere corrección; o si las tolerancias establecidas permiten que los trabajos sean aceptados como están. En caso de no ser satisfactorios los trabajos, debemos permitir que el contratista realice las correcciones necesarias y acordar otro tiempo para una nueva inspección. Todos estamos sujetos a cometer errores. Para mejorar procesos constructivos, la inspección debe realizarse antes de empezar cualquier actividad, durante la actividad y después de que la actividad se ha terminado. El contratista puede omitir cumplir con algún requerimiento, pero al inspector se le puede pasar también. Esto es más frecuente cuando te acostumbras al proyecto. Pareciera que la vista deja de distinguir que algo está mal y lo omitimos. Siempre es bueno hacer algún tipo de rotación del personal de supervisión para minimizar este problema. Pero cuando el contratista y el supervisor entienden que su trabajo se complementa y los dos buscan hacer el trabajo con la mejor calidad, uno con el otro se ayuda para evitar esos problemas. Sin embargo, algunos expertos recomiendan que los supervisores se organicen con sus compañeros para alternar la inspección de un trabajo y así darse cuenta si estamos pasando de alto algún error.

También aprendí, que la confianza siempre se gana a través de la buena voluntad, el respeto, el tacto, la competencia, el sentido de equidad y la coherencia basado en las necesidades y la intención del contrato. Sin embargo, en el pasado he visto a muchos contratistas tratar de disminuir equívocamente, la autoridad del inspector. He incluido los siguientes párrafos para recordarles la importancia del papel y el nivel de autoridad que los inspectores tienen en la construcción de las carreteras en Texas.

Antes de eso tienen que saber que las regulaciones federales se aplican a todos los proyectos financiados por el gobierno federal. El grado en que TxDOT supervisa los proyectos depende principalmente de una combinación de la fuente de financiamiento, los requisitos legales y el riesgo potencial que supone el incumplimiento. El Departamento de Transportación de Texas minimiza el monitoreo en proyectos fuera del sistema estatal que no tienen fondos federales o estatales. En ese caso, el gobierno local asume más responsabilidad por el cumplimiento de los requerimientos del contrato y el monitoreo de los proyectos se centra en las aplicaciones de diseño adecuadas de los estándares de calidad de material y construcción del Departamento.

Esto es, el Departamento de Transportación de Texas adapta el nivel de monitoreo al riesgo relativo a ellos, teniendo en cuenta sus responsabilidades de administración.

A través de procedimientos de proyectos para gobiernos locales "LGPP" por sus siglas en ingles que significan Local Government Project Procedures, los gobiernos locales pueden contratar consultores para proporcionar servicios de administración de la construcción. Estos consultores adoptan el papel de TxDOT durante la construcción del proyecto, pero TxDOT supervisa y firma para su aceptación final. Los gobiernos locales incluyen municipios, condados, autoridades regionales de movilidad, autoridades locales de peaje e incluso incluyen entidades privadas. Independientemente de si el proyecto es inspeccionado directamente bajo el Departamento de Transportación o indirectamente a través de consultores, las especificaciones del Departamento establecen claramente reglas y otorgan autoridad a los inspectores como se menciona a continuación:

- Los inspectores son representantes autorizados del ingeniero responsable del proyecto y están autorizados a examinar todo el trabajo realizado y los materiales suministrados, incluida la preparación, la fabricación y la fabricación de materiales.

- Los inspectores informan al contratista de los incumplimientos de los requisitos del contrato.

- Los inspectores pueden rechazar el trabajo o los materiales y pueden suspender el trabajo hasta que cualquier problema pueda ser referido y decidido por el ingeniero.

- Los inspectores no pueden alterar, agregar o renunciar a las disposiciones del contrato, emitir instrucciones contrarias al contrato, actuar como un contratista o interferir con la gestión de la obra.

- Trabajos realizados sin una inspección adecuada, según lo determine el ingeniero, puede que se solicite sea retirado y reemplazado a expensas del contratista.

Por lo tanto, los contratistas deben entender claramente que un inspector está facultado por el Departamento para hacer cumplir las especificaciones relativas a la calidad de los materiales y el trabajo realizado por ellos. Cuando el inspector nota discrepancias en los planos o especificaciones es también su responsabilidad avisar al ingeniero del proyecto para que a su vez el diseñador sea enterado de los problemas y emita correcciones.

Comprender la diferencia entre la fase de construcción y el ciclo de vida del proyecto, nos ayuda a comprender por qué los informes diarios pueden comenzar en cualquier momento inclusive antes de la fecha del inicio físico de los trabajos. Esto es, los reportes diarios pueden comenzar a escribirse antes de empezar la fase de construcción y continuar después del final de la fase de construcción. La fase de construcción forma parte del ciclo de vida del proyecto, que es una colección de fases generalmente secuenciales y a veces superpuestas. Las fases del proyecto son divisiones dentro de un proyecto en el que se necesita un control adicional para administrar la realización de una etapa importante de manera efectiva. Los informes diarios son útiles en todas las fases del proyecto. Por ejemplo, el ciclo de vida en un proyecto de transporte puede tener la siguiente estructura:

Fase 1: Preparación del caso de negocio, solicitud de propuesta y financiamiento del proyecto, incluyendo la selección de la consultora que proporcionará la administración de la construcción.

Fase 2: Organizar y preparar planos, especificaciones, ofertas y la selección del contratista general.

Fase 3: Inicio de la construcción y entrega de la carretera, de las calles o las instalaciones.

Fase 4: Cierre del proyecto, culminando con el archivo de documentos del proyecto.

Los informes deben escribirse si los inspectores están trabajando en campo o en la oficina. Si el trabajo se hizo en la oficina, los inspectores deben indicar qué trabajo se realizó. Por ejemplo: El Contratista suspendió los trabajos debido a la intensa lluvia dándome oportunidad de adelantar con la revisión de planos de la cimentación, así como cuantificación de obra y estudio de especificaciones. Cabe aclarar que la intención del reporte diario es describir las actividades que realiza el Contratista durante el día y las actividades que realiza el inspector se listan en otro reporte diario al que se le conoce como "Hoja de Tiempo" (Timesheet). Sin embargo, es conveniente hacer este tipo de anotaciones para mantener al cliente informado de las actividades del inspector cuando el contratista no está trabajando. Por ejemplo, en una ocasión el gerente de TxDOT entró a mi oficina de campo y me dijo que revisando los reportes diarios se percató que el Contratista había suspendido los trabajos en dos días de la semana anterior y sin embargo la factura reflejaba cargos por inspección. respondí que efectivamente los trabajos se suspendieron y que los inspectores trabajaron en la oficina preparando generadores para la estimación. El gerente de TxDOT me mostró la nota del reporte diario de un inspector que decía: Trabajos suspendidos por lluvia intensa a partir de las 7:30 am. El Pronóstico del clima indica que la lluvia continuará todo el día por lo que el Contratista decidió mandar a los trabajadores a descansar. Después revisamos la Hoja de Tiempo del inspector y decía: Trabajo de oficina. El gerente de TxDOT pidió ser más explícitos en los reportes para relatar claramente las actividades realizadas tanto del Contratista como del Supervisor. Desde entonces establecimos mencionar en breve en el reporte diario lo que realiza el inspector cuando los trabajos del Contratista se suspenden y nos aseguramos de que la Hoja de Tiempo describe los detalles de las actividades del inspector.

A continuación, se nombran algunas instrucciones generales a considerar cuando se escriben reportes de obra. Mas detalles sobre este tema se encuentran en las secciones siguientes.

Los informes de campo deben indicar si la empresa encargada de laboratorio estuvo presente realizando pruebas de materiales, y deben incluir las pruebas particulares realizadas. Si el inspector tiene una libreta especial para el registro de los resultados de las pruebas hechas por el laboratorio, no se debe incluir la información de los resultados de la prueba en el reporte diario. En su lugar, tenga en cuenta si los resultados fueron satisfactorios o no, pero además escriba los resultados de la prueba en el libro de registro correspondiente para su análisis posterior. Ejemplos de estas libretas de registro son La Libreta de Campo para Control de Calidad en Terraplenes que puede encontrar dando un clic al título en ingles <u>Field Book for Quality Control in Embankments</u> y la Libreta para Pruebas de Concreto en Construcción de Carreteras que puede encontrar dando un clic al título en ingles <u>Concrete Testing Notebook for Highway Construction</u>.

Se pueden adjuntar imágenes, pero debemos preguntarnos cuál es su propósito e identificar si el trabajo en la imagen mostrada cumple o no con las especificaciones.

No deje abiertos los problemas sin resolver. Si durante la inspección se encuentra que algo está fuera de especificación, indique el nombre del supervisor que fue informado y las acciones que se deben seguir para cerrar el problema. Mencione estos problemas en los reportes hasta que se resuelvan.

Sea objetivo sobre la información proporcionada, informe todos los hechos y registre toda la información relevante. Mantenga frustraciones, insinuaciones y otros comentarios que no pertenecen a una comunicación profesional fuera de ella por completo. Tenga en cuenta que el personal gubernamental puede revisar los documentos y que todos los documentos están sujetos a revisión.

Saque sólo las conclusiones apropiadas. No haga conjeturas especulativas. Incluir sólo conclusiones que sean el resultado de una relación directa causa-efecto y que conduzcan o requieran alguna acción (corrección del trabajo, recargo, costos adicionales, etc.)

Ser breve es aceptable, si lo que está escrito es completo y preciso. Las declaraciones resumidas están bien, siempre y cuando incluyen todos los hechos y descripciones completas.

Sé preciso. Tenga en cuenta ubicaciones específicas, límites de trabajo y cualquier información necesaria para identificar claramente el trabajo y los procesos descritos.

No mienta. Nunca escribas que inspeccionas algo cuando no lo hiciste.

Identifique todas las fuentes de información. Cualquier información que no sea su propia observación debe tener sus fuentes identificadas. Mencione el nombre de las empresas y liste nombre del personal involucrado.

La razón principal por la que un constructor reporta es para proporcionar información a la gerencia sobre los rendimientos de producción reales, tamaños de cuadrillas, riesgos inesperados, mejores prácticas de construcción y procedimientos de construcción que ayudarán a estimar trabajos futuros. Por supuesto, la información diaria permite a los gerentes de proyecto determinar desviaciones al comparar el costo real de construcción con el costo presupuestado. Además, la libreta de campo o el reporte diario se convierte en una fuente importante de información para determinar la causa raíz de los retrasos en la construcción.

Los supervisores de construcción necesitan identificar y documentar factores que inhiban o reduzcan la productividad. Todos sabemos que a veces suceden cosas en el trabajo que hacen que las cuadrillas de construcción o las cuadrillas de los subcontratistas pierdan tiempo. Por lo tanto, es responsabilidad del supervisor de construcción identificar situaciones improductivas y tomar medidas correctivas para prevenirlas en el futuro por elección y no por coincidencia. Gerentes de construcción experimentados que han estudiado causas de pérdida de productividad han encontrado que los problemas más significativos provienen de las siguientes áreas:

- Disponibilidad de materiales y/o equipos de construcción

- Trato irrespetuoso de los trabajadores

- Comunicación inadecuada entre el personal

- Personal o supervisores incompetentes

- La falta de herramientas necesarias para hacer el trabajo

- Especificaciones de proyecto ambiguas y condiciones inseguras

- Trabajo que tiene que volverse a hacer.

En esta sección se describe el procedimiento y la libreta de campo que he diseñado considerando las técnicas empleadas por expertos en inspección de carreteras. En capítulos anteriores se describen las actitudes y el medio ambiente necesario para hacer reportes. También se describieron otros aspectos a considerar cuando se reporta. Recuerda que, como parte de la Serie de Conformidades para la Construcción e Inspección de Carreteras, creamos el Cuaderno de Construcción e Inspección de Carreteras donde se proporciona una versión inicial del formato que aquí se describe. Puedes conseguir esta libreta de campo en línea.

El informe diario para una fecha determinada se compone de cuatro partes:

1. Monitoreo de Personal en campo

2. Monitoreo de Maquinaria

3. Narrativa de Inspección

4. Mediciones, Cálculos o Registro de Pruebas

Los formatos se muestran en las siguientes páginas.

Es imperativo tomar notas todos los días. Observar la construcción y reportar diariamente es el trabajo del inspector. A los supervisores se les paga por conocer todos los requisitos establecidos en los planos y las especificaciones. Mientras esté en el sitio de trabajo, piense: ¿Por qué el contratista está retrasando esta actividad? ¿Se está desviando el contratista del procedimiento de construcción? ¿Está el contratista utilizando los últimos planos y especificaciones? ¿Está el contratista utilizando el tamaño y el tipo de equipo adecuados para lograr compactaciones? ¿Es una excavación de más de 4 pies? ¿Dónde está la escalera o el talud de la excavación? ¿Aplicaron el retardante de evaporación a tiempo? ¿Se sincronizó el suministro de hormigón para evitar las juntas frías?

Una vez hechas las preguntas, encuentra las respuestas y escriba notas. Los supervisores tienden a escribir solamente lo que se encuentra que está mal hecho o que no cumple con la especificación. Esto es una costumbre que se apega a una filosofía antigua que considera que si algo está bien realizado y cumple con las especificaciones para que reportarlo. El problema con esa forma de actuar es que genera desconfianza en el cliente. Los clientes o personas encargadas de monitorear el avance general de las obras ocasionalmente leen los reportes del inspector. Imagínese que solo encuentra notas donde todo está mal. Si fuera usted el encargado, ¿qué pensaría?

Recuerde que estos reportes también los lee el constructor. ¿Si usted fuera el constructor qué pensaría? y ¿cómo afectaría su relación con el supervisor que solo resalta todo lo que se hizo mal?

No, buscamos la perfección; estamos buscando el cumplimiento de las especificaciones dentro de las tolerancias permitidas. Estamos evaluando si el contratista está planeando el trabajo e intenta apegarse al programa de obra. El mayor desafío es conectar con las personas de una manera de fomentar la colaboración. La colaboración se logra cuando somos objetivos y reportamos actividades que se hacen mal para que se corrijan, pero también es bueno escribir cuando el contratista realiza los trabajos con buena calidad, cumpliendo con los tiempos de construcción, apegado a las especificaciones y reconociendo el buen trabajo de otros.

El ochenta por ciento del éxito de cualquier persona dependerá de la capacidad de comunicarse. El otro veinte por ciento es el conocimiento técnico. El problema es que, sin ese conocimiento, las personas no pueden hacer el trabajo del inspector. Si los inspectores no hacen el trabajo, el proyecto está en riesgo.

Las buenas comunicaciones implican dirigir reuniones y tomar minutas. Después de evaluar muchas agendas para juntas de construcción detecté los temas más comunes e indispensables que requieren tocarse en las reuniones semanales. Mas adelante encontrará un formato útil que se puede seguir cuando se dirigen dichas juntas. El Departamento de Transportación de Texas se refiere a estas reuniones como "Reuniones de Asociación". He sido testigo de buenos espectáculos entretenidos que a menudo ponen en peligro las relaciones del equipo. También he asistido a buenas reuniones de asociación. La diferencia entre una y otra es el mediador. Una buena reunión implica un anfitrión que sabe lo que necesita discusión. Un mediador que establece con anticipación reglas de comportamiento aceptables. Si hay un tema que necesita más discusión o argumentos que comienzan a calentarse, el anfitrión controla la situación y mueve el tema a otra reunión más específica solamente con las partes involucradas. Recuerde que estas reuniones son para identificar problemas, verificar si hay soluciones en implementación y revisar qué actividades son próximas a ejecutarse.

Vea el formato con la lista de temas en páginas siguiente. Este formato está incluido en la Libreta de Campo para el Supervisor de Obra que puede encontrar en amazon.com o dando un clic aquí.

Las obras de construcción son desafiantes; muy a menudo, nos topamos con personas groseras y exigentes. Sin embargo, también son excepcionalmente talentosas en el trabajo que hacen. Debemos entender que esta es la naturaleza de los seres humanos. Hay que tener disposición para encontrar sus fortalezas, aprender de ellas, ser consciente de sus debilidades, pero resaltar sus talentos e inspíralos a hacer lo correcto. La asociación es la mejor oportunidad que tenemos para resolver los problemas que enfrentamos todos los días al tratar de modificar el entorno en nombre de la humanidad. Los sitios de construcción no están en pétalos de rosas, espere conflictos, haga el trabajo y ayude a otros a tener éxito en sus tareas. Ese debería ser el objetivo final del inspector.

Enero		Febrero		Marzo		Abril		Mayo		Junio		Julio		Agosto		Septiembre		Octubre		Noviembre		Diciembre
1	2	3	4	5	6	7	8	9	10	11	12	13	14	15	16	17	18	19	20	21	22	23	24	25	26	27	28	29	30	31

Turno:	Diurno		Nocturno	Año:	
Cantidad	Puesto de trabajo	Cantidad	Puesto de trabajo	Cantidad	Puesto de trabajo
	Operador de Grúas		Sobrestante de Obra		Topógrafo
	Op. de Barredora		Cabo		Ayudante de Topógrafo
	Operador de Dozer		Oficial de Obra		Personal de Seguridad
	Operador de Tractor		Peón		
	Op. de Moto-Conform		Mecán		
	Operador de Rodillos		Instala		
III	Operador de Escrepa		Instala		
	Op. de Cargador		Bande		
	Op. de Excavadora		Carpin		
	Op. de Compactadores		Fierre		
	Cond. de Camión Volteo				
	Cond. de Revolvedora				

Subcontratista	Personal	Equipo

EQUIPO	Cantidad			Corte or Carga		Relleno o Descarga		Modelo
	Usada	Inactiva	Descomp	DE	A DONDE	DE	A DONDE	
Compactador		I						CAT 815
	I					332+00	334+00	CAT 825
	I					170+00	175+00	CAT 825
Compresors								
Gruas								
Excavadora	I							
Niveladoras	I							
Cargador Frontal		I						
Escrepas	I							
	I							
		II						
	II							
Camiones	II			Prieford Pit		330+00	332+00	CAT 631G
	II			Prieford Pit		324+00	330+00	Cat 631G
	IIII	III		Coppland Pit		306+00	308+00	CAT 740
	I			Coppland Pit		306+00	308+00	J.DEER 400D
	I			Camion de Servicios				
	I			Camion con tanque de agua		306+00	308+00	CAT 740
Tractores o Dozers	I			Prtefor Pit (Empujando escrepa)				CAT D10R
	I					167+00	68+00	CAT D6
	I			177+00	80+00	Empujando escrepa		D 10N
	I					305+00	307+00	D8R
	I					170+00	71+00	D8R
		I						D8R
Asensores de Tijera								
Revolvedoras								
Disco	I					170+00	173+00	CASE STX375
		I						CASE STX375

Monitoreo de Maquinaria

- En la columna de maquinaria se incluyen los equipos más comúnmente usados al construir un camino. El primer equipo listado son compactadores. En esta categoría se observaron 2 compactadores CAT 825 trabajando en un relleno y un compactador CAT 825 en sitio pero inactivo. También se indican las estaciones donde trabajaron. Si la maquinaria esta en sitio pero descompuesta así debe registrase.
- La maquinaria pesada generalmente es usada en ciclos de corte y relleno o de carga y descarga.
- El material cortado para el movimiento de tierras proviene de secciones de corte del camino o de bancos de préstamo. Es importante indicar de donde provienen los materiales y a donde se están llevando.

Tema	Descripción	Tema	Descripción	Tema	Descripción
1	Condiciones Meteorológicas	6	Seguridad	11	Errores presupuestales
2	Resultados de la inspección	7	Control de Trafico	12	Pruebas realizadas
3	Pruebas de laboratorio	8	Retrabajo o correcciones	13	Situaciones inusuales
4	Inst. recibidas o dadas	9	Trabajos en garantía	14	
5	Visitantes Oficiales	10	Trabajos adicionales	15	

Código de Concepto	Tema	Narrativa

Narrativa de Inspección

- Los temas que se muestran en la tabla de arriba sirven para recordar puntos importantes de inspección.
- El inspector debe identificar el concepto al que se refiere la inspección.
- Para facilitar la búsqueda de información en el reporte; agrega el tema de inspección del que se trata la nota que narra la observación.

	Primero	Segundo	Tercero	Cuarto	Quinto	Sexto	Séptimo
Estructura							Columna
Cadenamiento							Conn. M
Estación							91+18
Distancia del eje							3 m. Der.
Clase de Concreto							C
Recibo No.							28117742
Camión No.							8011
Hora Inicio Mezclado							6:22 AM
Hora de Salida planta							6:40 AM
Hora de llegada obra							7:00 AM
Hora de muestreo							7:15 AM
Hora de descarga							7:40 AM
Cantidad Hielo incluido							0 lbs.
Cantidad Agua añadida							5 gal
Temperatura							76F
Temperatura Concreto.							90F
Revenimiento							4 pulgada
% Aire incluido							5%
¿# de cilindros hechos?							6
% de humedad							89%
Velocidad del viento							10 mph
Revoluciones iniciales							150
Revoluciones finales							400
Revoluciones totales							250
Pruebas en rellenos							
Tipo de material							C
Densidad máxima							102.2
Humedad optima							21.5%
Indice de plasticidad							25%
Limite liquido							48%
Densidad requerida							98-100%
# de Prueba Proctor							23
No. De Capa							2
Profundidad de prueba							30 cm
# de Reporte							11-C-0713
Quien hizo la prueba?							R.I.A
Densidad húmeda							125.4
Densidad seca							101.0
% de humedad							24.1%
% de Compactación							98.8%
Pasó o falló el resultado							Pasó

Tema	Descripción	Tema	Descripción	Tema	Descripción
1	Los problemas más importantes	6	Aclaración de ambigüedades	11	Interferencias de servicios
2	Fases de Construcción (Tiempos)	7	Inconformidades	12	Pruebas de materiales
3	Seguridad (puntos a considerar)	8	Ordenes de cambio	13	Situaciones inusuales
4	Relaciones Públicas	9	Control de tráfico y Cierres	14	Temas adicionales
5	Documentos entregados (Estatus)	10	Control Ambiental	15	Actividades planeadas (prox. 3 semanas)

Tema	Minuta	Fecha:

Agenda y Minutas

- Los temas mostrados en la lista representan los puntos más comunes que se discuten en las reuniones semanales donde participa el constructor con sus subcontratistas, la empresa de supervisión y los representantes del cliente. Esta es la Agenda de los puntos a tratar.
- La segunda sección del formato es donde se escriben notas relacionadas con lo que se discute. Generalmente se anotan las acciones que se van a tomar. Es recomendable usar una grabadora para generar un archivo de voz de la junta en caso de que se requiera aclaración futura. La idea es tocar los puntos en el orden que se listan los temas.

La ventaja de usar este procedimiento es que la información esencial se recopila de manera sistemática. Por lo general, la información coleccionada aquí, satisface auditorías federales y estatales.

Debe quedar claro que un informe diario es sólo uno de los documentos esenciales que estamos obligados a mantener, pero muchos otros factores también contribuyen al éxito de un proyecto. Estoy dando la fórmula que personalmente me ha ayudado a tener éxito en la recopilación de informes diarios útiles. Sin embargo, tenga en cuenta que la metodología descrita es buena para las personas comprometidas con proporcionar una inspección de alta calidad. Digo esto porque solo personas comprometidas son capaces de llenar el formato con todos los aspectos que aquí se mencionarán. Estas personas resaltan porque se enorgullecen del trabajo que realizan y participan con la mente abierta en la entrega de productos y servicios que superan las expectativas de los clientes.

Por ahora, entienda que los informes diarios, así como otros tipos de comunicaciones escritas por gerentes de construcción, inspectores y contratistas, nos ayudan en la generación, recopilación, difusión, almacenamiento y deposición oportuna y apropiada de la información del proyecto.

Puntos focales incluidos en informes diarios:

1. *Condiciones meteorológicas.* Aquí se incluyen las condiciones climáticas reales del proyecto, incluyendo la temperatura mínima y máxima. El monitoreo de las condiciones climáticas en la obra es esencial por esto se registran las conficiones meteorológicas dos veces a día. Un registro se hace por la mañana y el otro por la tarde. Si llueve se debe indicar la cantidad estimada de agua recibida durante un evento de precipitación y cualquier otra condición climática que detenga las actividades de construcción. Si las actividades se detienen, asegúrese de que la fecha se registra en la sección de Días Perdidos del libro de campo.

2. *Resultados de la inspección.* Aquí se describe si el trabajo completado fue satisfactorio o si se detectaron deficiencias. Si hay deficiencias debe

indicarse cuales son las medidas a tomar para corregirlas. Se requiere ser observador y tener en cuenta cuál es la actividad crítica para asegurarse de que se están documentando los asuntos más importantes. La actividad crítica del día no es necesariamente un elemento de la ruta crítica, aunque lo puede ser.

3. *Pruebas de laboratorio.* Aquí se registra las pruebas realizadas o pendientes de realizar. Algunos prefieren solo indicar si la prueba pasó o no pasó. Esto lo hacen porque tienen otras libretas de campo donde exclusivamente se registran todos los resultados de las pruebas. Es una buena práctica evitar poner el resultado en dos lugares diferentes para evitar encontrar diferentes resultados de la misma prueba. Sin embargo, muchas veces los inspectores tienen que verificar los registros de los técnicos de laboratorio que realizan las pruebas. En esos casos cuando se tienen que avalar los registros es bueno llevar un control personal como lo permite el formato mostrado. La otra opción es adquirir las libretas que se mencionaron anteriormente tituladas Field Book for Quality Control in Embankment Operations y Concrete Testing Notebook for Construction and Inspections of Highways. Estas libretas son buenas porque es más fácil analizar los datos cuando toda la información para el análisis está en un solo lugar. Además, estas libretas son un buen control para saber si los resultados de las pruebas están completos o si ya se cargaron al sistema electrónico de control de pruebas.

4. *Instrucciones recibidas o dadas.* En la práctica, muchas decisiones se toman en campo por lo que debemos indicar los acuerdos que se han tomado y quien dio la autorización de llevar a cabo los acuerdos. Si se trató cualquier conflicto encontrado en planos, especificaciones, retrasos en el trabajo o cualquier otra decisión aquí debe de registrarse. También aquí se documentan las discusiones con el contratista, y cualquier desacuerdo entre las partes, u otros conflictos de construcción. Cuando los temas incluyen riesgos altos es importante dar seguimiento a estas notas de campo ya sea con algún correo electrónico, memorándum o carta.

5. *Visitantes oficiales.* Los visitantes oficiales son personas u organizaciones como clientes, patrocinadores, jueces, comisionados, representantes del Departamento de Transportación, administradores federales o auditores que participan activamente en el proyecto o cuyo interés puede verse afectado positiva o negativamente por la ejecución de este. Es fundamental para el éxito del proyecto identificar a estas personas al principio y durante el proyecto para analizar su nivel de poder e interés para maximizar las oportunidades, así como mitigar los posibles impactos negativos.

6. *Seguridad.* La seguridad de los trabajadores o el público en general es esencial para la culminación exitosa de los proyectos. Cualquier condición de trabajo inusual, o violaciones de seguridad y medidas correctivas tomadas se registran aquí.

7. *Cuantificacion de trabajos ejecutados.* Aquí se mide físicamente el trabajo ejecutado. Esta cuantificación es la medida directa en campo. No la medida obtenida de planos. El inspector como parte de su inspección diaria verifica si las dimensiones del trabajo ejecutado corresponden a las medidas indicadas en planos. En esta sección se anotan las dimensiones obtenidas de esa verificación. Como lo he dicho si es posible, esta verificación es diaria. A menos que la complejidad o el volumen no sean apropiados para hacerlo de esta manera, como pasa con terraplenes y excavaciones viales. Esto es, las mediciones de los trabajos deben realizarse en los intervalos adecuados establecidos para la actividad, pero de preferencia la medición debe realizarse diariamente o limitarse a períodos no superiores a quince días. Utilice los números de identificación de concepto incluidos en el catálogo de precios del contrato para identificar las actividades que se están realizando. Por ejemplo, el número de identificación 530-2010 se refiere a la colocación de concreto para entrada de propiedades. Si el contratista trabajó en este concepto, el inspector debe medir y calcular la cantidad de yardas cuadradas colocadas. Esta información se compila y se utiliza para determinar la estimación mensual del trabajo ejecutado y el pago mensual al contratista. Las mediciones que se verifican en campo generalmente se pasan a otro reporte más formal. En México, a este reporte le llaman números

generadores. En Texas se les conoce como formatos de cuantificación. Estos informes son auditados con frecuencia por el Departamento de transportación y el gobierno federal.

8. *Retrabajo o corrección de errores.* Aquí se identifica si el trabajo que se está realizando es el resultado de repetirlo por no cumplir con los requerimientos del contrato, o porque hubo algún error que requiere corrección. Estos trabajos se identifican, pero no se pagan a menos que las correcciones se requieran por razones ajenas al constructor.

9. *Trabajos en Garantia.* Al igual que en el caso anterior estos trabajos se identifican pero no se pagan ya que el trabajo es el resultado de una garantía de contrato. Es importante describir las las posibles causas del fallo.

10. *Trabajos adicionales.* Siempre es necesario identificar si el cliente está solicitando realizar un trabajo que no está incluido en el alcance original del contrato. Si es el caso la nota debe ser clara y debe registrarse si los trabajos han sido propiamente autorizados antes de comenzar.

11. *Errores en presupuestación.* Aquí se identifica si el trabajo realizado está incluido en el contrato, pero no existe un precio con el cual se pueda cobrar ya que debió ser incluido en el alcance de otro concepto.

Con la creciente dependencia de información digitalizada, los informes diarios comúnmente necesitan ser presentados electrónicamente. Sin embargo, llenar informes electrónicos directamente en el campo utilizando una tableta o computadora móvil resulta muchas veces complicado debido a la naturaleza de la inspección que se esté haciendo. Si has intentado subir una escalera para revisar una columna, o inspeccionar el colado de una estructura a pleno rayo del sol; sabes de lo complicado que puede resultar usar estas herramientas electrónicas. Por esta razón pienso, que las libretas de campo son todavía necesarias. Sin embargo, con el avance diario de aplicaciones en teléfonos inteligentes; llenar reportes directamente en campo es más viable cada día. A mí en lo personal me resulta más fácil cargar mi libreta de campo y una pluma para hacer notas del trabajo en campo. Una vez terminada la inspección y ya en la camioneta u oficina se puede pasar la información a la computadora. Ya sea con una libreta de campo a la antigüita, o con una libreta electrónica; lo importante es tener un instrumento a la mano para escribir toda la información relevante como se observa. A medida que se desarrolla este hábito, la finalización diaria del informe presentado electrónicamente se vuelve casi automático. El objetivo es llegar al final del día teniendo toda la información que se necesita archivar, proporcionar una narración cronológica del trabajo realizado, proporcionar información fácilmente recuperable, compilar la cantidad de recursos utilizados durante la construcción del proyecto, registrar la secuencia de eventos que condujeron a un problema particular, documentar sus soluciones y documentar recomendaciones de campo con el fin de mitigar riesgos. Busca la Libreta de Campo Para el Supervisor de Obra en amazon.com o dale un click aquí. Esta libreta incluye los formatos mencionados anteriormente.

A continuación, un ejemplo aplicando la metodología. El contratista está realizando operaciones de excavación y terraplén en diferentes lugares a lo largo de diecisiete millas de la carretera. Controlar las operaciones de movimiento de tierras no es una actividad sencilla. Muchos procesos tienen que ser monitoreados y controlados para lograr una inspección exitosa.

Antes de dirigirme al sitio me he asegurado de entender el trabajo que voy a inspeccionar, para esto previamente he estudiado los documentos del contrato, y conozco los requerimientos de las especificaciones relacionadas a los trabajos de terracerías. Tengo claro los conceptos, su alcance y cuál es el código de identificación. Me he asegurado también de leer las notas generales, las disposiciones especiales y los anexos relacionados. He identificado que estas actividades cumplirán los requisitos establecidos en los conceptos 132-2006 para rellenos en terraplenes, 110-2001 para cortes y 160-2003 para relleno con tierra vegetal. Entiendo claramente lo que se requiere hacer.

Maquinaria pesada realizando trabajos de terracerías

Enero		Febrero		Marzo		Abril		Mayo		(Junio)		Julio		Agosto		Septiembre		Octubre		Noviembre		Diciembre	
1	2	3	4	5	6	7	8	9	10	11	12	13	14	15	16	17	(18)	19	20	21	22	23	24	25	26	27	28	29	30	31

Turno: (Diurno)   Nocturno   **Año:** 2019

Cantidad	Puesto de trabajo	Cantidad	Puesto de trabajo		Cantidad	Puesto de trabajo
	Operador de Retroexcavadora	I	Sobrestante de Obra		I	Topógrafo
	Op. de Barredora	III	Cabo		I	Ayudante de Topógrafo
IIIII	Operador de Dozer		Oficial de Obra			Operador de Grúas
II	Operador de Tractor		Peón			Personal de Seguridad
II	Op. de Moto-Conform	I	Mecánico			
II	Operador de Rodillos		Instalador de cimbras			
IIIII IIIII	Operador de Escrepa		Instalador de tuberías			
	Op. de Cargador		Banderero			
	Op. de Excavadora		Carpinteros			
	Op. de Compactadores		Fierreros			
IIIII II	Cond. de Camión Volteo					
	Cond. de Revolvedora					

Subcontratista	Personal	Equipo

EQUIPO	Cantidad			Corte or Carga		Relleno o Descarga		Modelo
	Usada	Inactiva	Descomp	DE	A DONDE	DE	A DONDE	
Compactador		I						CAT 815
	I					332+00	334+00	CAT 825
	I					170+00	175+00	CAT 825
Compresors								
Gruas								
Excavadora	I			Coppland Pit				CAT 345B
			X					CAT 345C
Niveladoras	I			Prieferd Pit		320+00	334+15	CAT 14M
				Arrope con tierra vegetal		258+50	284+90	CAT 14M
Cargador Frontal		I						CAT 950G
Escrepas	I			Prieferd Pit		332+00	334+00	CAT 631E
	I			177+00	179+00	170+00	171+00	CAT 631E
		II						CAT 631E
	II			178+00	180+00	172+00	175+00	CAT 631G
	II			Prieferd Pit		330+00	332+00	CAT 631G
	II			Prieferd Pit		324+00	330+00	Cat 631G
Camiones	IIII	III		Coppland Pit		306+00	308+00	CAT 740
	I			Coppland Pit		306+00	308+00	J.DEER 400D
	I			Camión de Servicios				
	I			Camión con tanque de agua		308+00	308+00	CAT 740
Tractores o Dozers	I			Prefer Pit (Empujando escrepa)				CAT D10R
	I					167+00	168+00	CAT D6
	I			177+00	180+00	Empujando escrepa		D 10N
	I					305+00	307+00	D8R
	I					170+00	171+00	D8R
		I						D8R
Asensores de Tijera								
Revolvedoras								
Disco	I					170+00	173+00	CASE STX 375
		I						CASE STX 375

Banco de préstamo Coppland = Coppland Pit

Banco de préstamo Prieferd = Prieferd Pit

Tema	Descripción	Tema	Descripción	Tema	Descripción
1	Condiciones Meteorológicas	6	Seguridad	11	Errores presupuestales
2	Resultados de la inspección	7	Control de Trafico	12	Pruebas realizadas
3	Pruebas de laboratorio	8	Retrabajo o correcciones	13	Situaciones inusuales
4	Inst. recibidas o dadas	9	Trabajos en garantía	14	
5	Visitantes Oficiales	10	Trabajos adicionales	15	

Código de Concepto	Tema	Narrativa
132-2006, 110-2001	2	Se continua con operaciones de cortes y rellenos en una manera ordenada y sistemática estableciendo ciclos de corte y terraplén. El material excavado es acarreado y colocado sobre el terreno que simultáneamente es compactado. El material se empuja con dozer para incorporase en capas uniformes. Capas adjuntas de diferentes materiales se mezclan durante la colocación. El terraplén se construye en capas aproximamente paralelas a la subrasante final a todo lo ancho de la sección del camino. El espesor de las capas se va inspeccionando y cumple con lo establecido en el procedimiento. El topógrafo continua la colocación de estacas para controlar elevaciones y centro de desagües. El material colocado cumple con las propiedades del tipo C para rellenos. Se observa que las operaciones se realizan estableciendo alineamiento y niveles de los canales permanentes para desagües.
	10	El topógrafo me mostró el área que requiere sobre excavación en la
	4	estación 303+10. Le pedí que proporcionara secciones transversales antes de empezar los trabajos y después de terminarlos
	12	Se realizaron pruebas de densidad y humedad con resultados adecuados. Ver resultados en la libreta de pruebas (324+50)
	13	Agua escurre sobre el talud del terraplén en la estación 258+55
	4	discutí el escurrimiento del agua con Robert D. nuestro gerente. Proporcione recomendaciones y se van a revisar con el diseñador del proyecto.
	10	Es posible que se requiera colocar malla geotécnica y piedra para Proteger el talud en un área de 80 ft x 40 ft

	Primero	Segundo	Tercero	Cuarto	Quinto	Sexto	Séptimo
Estructura							
Cadenamiento							
Estación							
Distancia del eje							
Clase de Concreto							
Recibo No.							
Camión No.							
Hora Inicio Mezclado							
Hora de Salida planta							
Hora de llegada obra							
Hora de muestreo							
Hora de descarga							
Cantidad Hielo incluido							
Cantidad Agua añadida							
Temperatura							
Temperatura Concreto.							
Revenimiento							
% Aire incluido							
¿# de cilindros hechos?							
% de humedad							
Velocidad del viento							
Revoluciones iniciales							
Revoluciones finales							
Revoluciones totales							
Pruebas en rellenos							
Tipo de material							
Densidad máxima							
Humedad optima							
Indice de plasticidad							
Limite liquido							
Densidad requerida							
# de Prueba Proctor							
No. De Capa							
Profundidad de prueba		Sobre excavación					
# de Reporte					Factor de		
Quien hizo la prueba?	Estación	Largo	Ancho	Alto	Conversión	Vol.	
Densidad húmeda	303+10	80 ft	20 ft	2 ft	1/27	118 CY	
Densidad seca	a						
% de humedad	303+90						
% de Compactación							
Pasó o falló el resultado							

En días donde no se observan pruebas de laboratorio, esta sección se utiliza para dibujos y cálculos necesarios como estimar el volumen necesario de sobre excavación mostrado abajo

El supervisor debe estar consciente de que los reportes diarios son un complemento de otros documentos que se usan para el control del proyecto. Un problema típico, es el control presupuestal. Existen formatos especiales para este control, pero en el reporte diario se debe encontrar información donde se identifican trabajos extraordinarios y donde se alerta al constructor que está excediendo cantidades de obra incluidas en su presupuesto. El control presupuestal es importante para avisar al cliente oportunamente si se necesitaran más recursos para terminar el proyecto. Los reportes diarios serán esenciales para poder aclarar la fecha, la ubicación y la cantidad de obra ejecutada a través de la vida del proyecto.

Los reportes diarios son muy útiles para documentar los rendimientos reales de las cuadrillas cuando el contratista realiza trabajos extraordinarios o adicionales, es decir trabajos donde los precios unitarios no existen en el catálogo de conceptos, o donde los trabajos necesarios difieren del alcance del precio unitario incluido en el contrato. En este caso, el inspector debe ser cuidadoso en anotar a detalle a qué hora se empiezan los trabajos, a qué hora terminan y que recursos de maquinaria, mano de obra, herramienta menor y materiales se utilizaron en la actividad.

El inspector debe estar atento a registrar situaciones inusuales o inesperadas. Por ejemplo, si durante la excavación se encuentran desperdicios de concreto reforzado que obligue a una sobre excavación y uso de más material para relleno, o que el tipo de material difiera significativamente de los muestreos realizados en esa zona. Esto es, que el constructor razonablemente esperaba encontrar material blando o ligeramente duro y se encuentra con una capa de roca. Estas situaciones generalmente terminan en reclamos del contratista para recuperar costos adicionales no planeados. Estas situaciones inusuales muchas veces se deben tratar como trabajos extraordinarios. Pero para que el inspector reconozca estas situaciones debe conocer bien el proyecto y sus alcances.

Otra situación común que se presenta en la obra, son resultados de pruebas que pueden ser fuera de lo normal. En estas situaciones una nota que clarifique la razón del resultado facilita las decisiones de aceptación de los productos. Por ejemplo, las especificaciones del proyecto indican que el revenimiento del concreto para estructuras debe ser de 10 cm. Sin embargo, debido a la cantidad de refuerzo en una estructura en particular, el contratista piensa ordenar concreto con un revenimiento de 15 cm. Recordemos que gracias a los avances en la tecnología del concreto las mezclas pueden alcanzar revenimientos más altos sin modificar la relación agua cemento a través del uso de aditivos. Aquí el inspector debe saber si la mezcla ha sido aprobada para uso en el proyecto. Si la mezcla ha sido aprobada, entonces la nota en el reporte debe registrar esta variación en la prueba y además indicar si los procedimientos de curado fueron modificados en caso de ser necesario como también se debió indicar previamente durante la aprobación de la mezcla.

Los formatos mostrados previamente han sido cuidadosamente modificados a través del tiempo para satisfacer las necesidades de la inspección de puentes y carreteras. Estos formatos forman parte de la Libreta de Campo para el Supervisor de Obra y puede conseguirse en Amazon.com o de un clic aquí. Los contratistas o constructores usan otros reportes más adecuados a sus necesidades. Este es el cuaderno que utilizamos para entrenar a nuestros equipos de inspección. Cada inspector es diferente y las personas tienen distintas maneras de hacer las cosas. Por mi parte soy flexible en los modos personales de llenar los reportes siempre y cuando sean capaces de proporcionar información precisa, detallada, ordenada y de manera sistemática. He compartido la metodología que me ha ayudado a proporcionar servicios de inspección que cumplen con las expectativas del cliente. El objetivo ha sido evitarles un proceso de prueba y error conociendo una manera efectiva de documentar las actividades de construcción, entendiendo que cualquier método usado se reduce al entendimiento que tienen los inspectores de su entorno laboral y de las expectativas del resultado de su trabajo.

La calidad de los proyectos se alcanza no solamente con la inspección, sino que es el resultado de una buena planeación, implementación y mejoramiento de procesos. En este caso hablamos del mecanismo más importante que el supervisor tiene para relatar de manera objetiva la historia del proyecto. Es un proceso esencial que el supervisor debe realizar para que el cliente considere que los servicios del consultor fueron satisfactorios.

En lo que se refiere a escribir los diarios de la construcción, hicimos nuestro mejor esfuerzo para transmitirte lo que aprendimos en el campo. Contesta el examen en las paginas siguientes para reforzar el conocimiento adquirido.

El mundo se mueve rápidamente y recuerdo cuando por primera vez recibí un correo electrónico en mi teléfono celular. Aunque el primer BlackBerry fue lanzado en 1999, obtuve el mío en el 2005. En aquellos días, los dispositivos BlackBerry se consideraban como una de las herramientas empresariales más modernas, pero las zonas de cobertura de servicio y los altos precios en los servicios de internet móvil limitaban su viabilidad. Hoy en día la red de cobertura, las velocidades para acceso de datos y las conexiones con Wi-Fi han evolucionado de tal manera que los teléfonos inteligentes, tabletas y otros dispositivos permiten a Ingenieros de Construcción y Gerentes de Proyectos compartir información en tiempo real, minimizando riesgos y facilitando la creación de informes.

Hay muchas aplicaciones en el mercado estadounidense que ayudan en la creación de informes de trabajo diarios. Algunas agencias gubernamentales usan sus propias aplicaciones, pero otras permiten que los consultores utilicen las herramientas que ellos manejan.

Encontré que la tecnología de inspección basada en fotos es la más fácil y práctica de usar. Las aplicaciones basadas en fotos permiten a los usuarios tomar fotos en teléfonos celulares o tabletas, escribir una narrativa o descripción de la imagen y agregar una etiqueta. El software utiliza las etiquetas para filtrar las fotografías u otra información para su uso posterior en informes.

Las secciones de etiquetas son personalizables y preestablecidas para acelerar la entrada de datos. La tarea de precarga de las etiquetas es esencial porque permite al gerente de proyecto realizar un seguimiento de los temas deseados. El inspector selecciona la etiqueta más apropiada que previamente fue cargada (preestablecida o precargada) al software por el gerente de proyecto, o el usuario agrega etiquetas según sea necesario.

Otro gran beneficio de una aplicación de inspección basada en fotos es la geolocalización incluida en la imagen. La función es útil porque los usuarios que revisan el reporte pueden visualizar la ubicación exacta del trabajo descrito en la imagen. A continuación, un ejemplo:

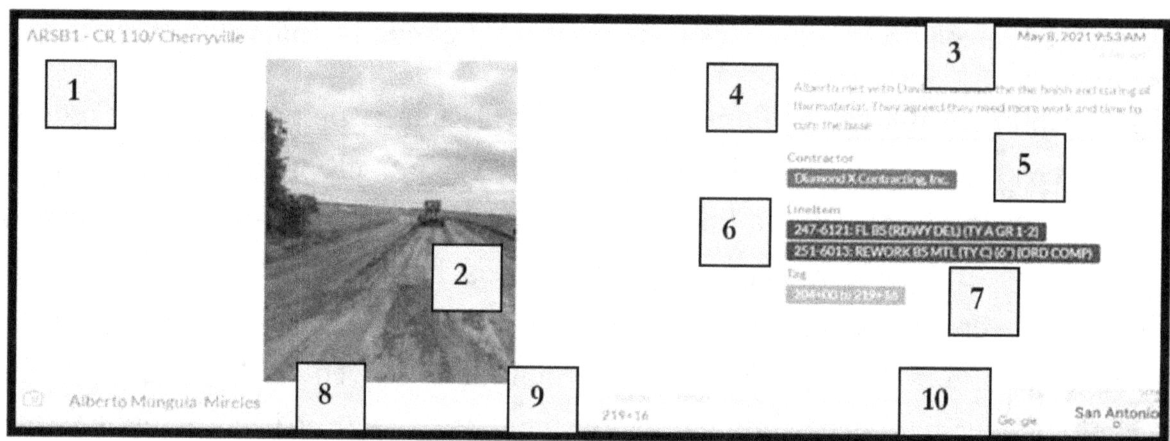

En la imagen de arriba comparto una nota que escribí durante la visita de obra al proyecto CR 110/Cherryville. En este caso utilicé un programa llamado "Headlight". Recuerda que todos los miembros del equipo de inspección debemos observar y escribir notas que nos ayuden a mitigar riesgos. Es importante recordar también que los Gerentes o Directivos de la obra deben de aprovechar cada oportunidad para entrenar a inspectores compartiendo observaciones y mencionando la razón de escribir una nota en particular.

La imagen de arriba numera diez secciones que contiene cada nota del reporte diario que se escribe:

1. **Nombre del Proyecto.** En este caso ARSB1 CR 110/Cherryville

2. **Foto.** La foto es tomada vía tableta o teléfono celular y se inserta automáticamente. Si la foto no es adecuada, fácilmente puede remplazarse con otra toma. En este ejemplo la foto muestra una moto conformadora trabajando la subrasante del camino.

3. **Fecha y Hora.** La fecha y la hora en que se toma la foto. Este campo es automático y está ligado al reloj del dispositivo electrónico usado.

4. **Descripción**. En este campo el usuario escribe la nota resaltando el problema o tema de importancia por el que se tomó la foto. En el ejemplo la nota indica: "Alberto se reunió con David para hablar sobre el curado y terminado del material usado come base. El acuerdo fue que el material requiere más trabajo para su terminado y más tiempo para que se cure antes de proceder con la siguiente capa."

5. **Contratista**. Aquí el usuario selecciona al Contratista o Subcontratista al que la nota aplica. Si el nombre no se encuentra en la lista precargada, el usuario puede fácilmente agregar un nuevo nombre que se añadirá a la base de datos

6. **Concepto**. En esta sección el usuario selecciona el concepto ejecutado al que se refiere la nota. El catálogo de conceptos también fue previamente cargado por el Gerente del Proyecto. La lista de conceptos incluye una opción para seleccionar trabajos extraordinarios cuando los trabajos realizados no están incluidos en el alcance original del contrato. En el ejemplo la selección incluye el concepto 0247-6121 para suministro y colocación de material base y el concepto 0251-6013 para retrabajar y compactar la base existente.

7. **Etiquetas**. Aquí el usuario puede seleccionar etiquetas preestablecidas o agregar una etiqueta personalizada. La idea es poder filtrar la información para encontrar datos rápidamente. En el ejemplo se indica el rango de estaciones al que la nota se refiere. (Estación 204+00 a la Estación 219+16). Esta etiqueta no fue precargada por el Gerente así es que tuve que agregarla en el momento de mi visita a la obra. Además de agregar la etiqueta, indique al inspector que usara esta misma etiqueta cuando escribiera la nota donde se aprueba el tramo para proceder con la siguiente capa. Semanas después desde mi oficina, cuando quise verificar si el tramo ya había sido aprobado; simplemente hice una búsqueda de notas que tuvieran esta etiqueta. Efectivamente sin mucho esfuerzo, encontré mi nota y la del inspector.

8. **Nombre**. Cada nota incluye el nombre del usuario que escribe el reporte. Diferentes usuarios pueden tomar fotos y meter notas simultáneamente. El programa ordena todas las fotos cronológicamente independientemente del autor

de la nota. Cuando el reporte diario se termina, todas las observaciones del personal se juntan automáticamente en un solo reporte.

9. **Estación y Distancia al Eje**. Aquí se identifica la estación en la que la foto fue tomada y cuando es necesario ser más específico se puede anotar la distancia del punto de interés al eje del camino o alineamiento del camino sobre el cual se cuentan las estaciones. Por ejemplo, si el alineamiento horizontal coincide con el centro del camino este campo puede decir 10 pies a la derecha o a la izquierda. Pero si el alineamiento horizontal va a al costado izquierdo en referencia al centro de camino entonces este campo puede decir 20 pies a la derecha. Esta celda es útil especialmente cuando se hacen muestreos de suelos o se toman densidades de la terracería, bases o pavimentos. Es una buena práctica tomar las fotos en el sentido del cadenamiento para poder hacer referencia a la derecha o a la izquierda. El ejemplo indica la estación 219+16 y como la nota era referente a todo el ancho del camino no se identifica la distancia al eje, pero si hubiera querido resaltar algo en particular hubiera anotado la distancia y el lado en referencia al eje que en este caso pasa por el centro del camino.

10. **Ubicación**. El programa automáticamente registra el punto donde la foto fue tomada y registra las coordenadas geográficas. En caso de que alguien tenga dudas o quiere saber más sobre la ubicación la aplicación muestra el lugar en un mapa similar a Google Maps.

Cada imagen por sí misma ayuda a clarificar el reporte descrito en forma narrativa. Aun así, los usuarios pueden complementar la imagen con una descripción del problema que desea resaltar. Las etiquetas son equivalentes al tema. El beneficio es que los gerentes no necesitan depender de las habilidades de escritura de los inspectores para visualizar cualquier problema.

La cuadrilla colocó concreto utilizando grúa, bote de concreto, tubo Tremie y
vibradores inmersos

Una imagen con una breve descripción facilita la comunicación entre el personal en campo y la oficina. Muchas aplicaciones permiten insertar fotos como un archivo adjunto. Sin embargo, las mejores aplicaciones eliminan ese paso de adjuntar las imágenes más adelante en la creación del reporte o la presentan como una opción. El usuario toma la foto, la imagen se inserta en el informe y el usuario finaliza el informe introduciendo una descripción, seleccionando la ubicación, el cadenamiento, el nombre del contratista, el elemento de trabajo y las etiquetas. Algunas etiquetas o temas, que se rastrean más frecuentemente se enumeran en la siguiente tabla:

Etiquetas			
1.	Accidentes	2.	Días Perdidos por Pronostico de Tormenta
3.	Errores Presupuestales	4.	Días Perdidos por Lluvia
5.	Números Generadores o Cuantificaciones	6.	Pruebas de Humedad (Base)
7.	Trabajos Extraordinarios	8.	Prueba de Humedad (Terracerías)
9.	Prueba de Aire y Revenimiento en Concreto	10.	No conformidad
11.	Cilindros de Concreto	12.	Visitantes Oficiales
13.	Conflictos o Interferencias	14.	Sobre Excavación
15.	Problemas de Construcción	16.	Retraso de Proyecto
17.	Daños	18.	Aceptación de Trabajos Pendiente

19.	Prueba de Densidad (Bases)	20.	Aceptación de Trabajos-Resuelto
21.	Prueba de Densidad (Asfalto)	22.	Problemas de Calidad
23.	Prueba de Densidad (Subrasante)	24.	Retrabajo o Corrección
25.	Instrucciones Recibidas (Diseñador)	26.	Cotización Necesaria
27.	Instrucciones Recibidas (Dueño)	28.	Clarificación de Proyecto
29.	Instrucciones Recibidas (Directiva)	30.	Junta de Seguridad
31.	Instrucciones al Contratista	32.	Muestreo de Asfalto
33.	Instrucciones al Subcontratista	34.	Muestreo de Terracerías
35.	Instrucciones al Laboratorio	36.	Muestreo de Concreto
37.	Cambios de Proyecto	38.	Condiciones no comunes
39.	Días Perdidos por Congelamiento	40.	Afectación a Servicios
41.	Días Perdidos por Festividades	42.	Trabajos de Garantía
43.	Días Perdidos por Exceso de Lodo	44.	Puntos de Control topográficos

La aplicación o software tiene otras secciones donde el usuario ingresa la lista de equipos y personal presente en el sitio. La aplicación es buena porque también puede ligar cada pieza de equipo o persona a la empresa, concepto de obra y a los temas de la tabla anterior. De esta manera cuando se requiere hacer alguna búsqueda especifica la información puede ser filtrada. La primera tabla que se muestra abajo se relaciona con el personal en sitio. Las columnas muestran de izquierda a derecha la cuadrilla o personal en sitio, las horas de trabajo, el número de personas, el nombre del contratista y el concepto de obra que ejecutaron.

Trade	Hours	Count	Tag	Contractor	Line Item
Truck Drivers	10	6	SN89 FM621 129+00 to 132+40	Texas Materials	305-6014: Salv, Haul & STKPL, RCL APH PV (Var. Depth)
Foreman	10	1	SN89 FM621 129+00 to 132+40	Texas Materials	305-6014: Salv, Haul & STKPL, RCL APH PV (Var. Depth)
QC Manager	10	1	SN89 FM621 129+00 to 132+40	Texas Materials	305-6014: Salv, Haul & STKPL, RCL APH PV (Var. Depth)
Superintendent	10	1	SN89 FM621 129+00 to 132+40	Texas Materials	305-6014: Salv, Haul & STKPL, RCL APH PV (Var. Depth)
Asphalt Crew	10	14	SN89 FM621 129+00 to 132+40	Texas Materials	305-6014: Salv, Haul & STKPL, RCL APH PV (Var. Depth)
Lane Closure Crew	10	4	SN89 FM621 129+00 to 132+40	Texas Materials	305-6014: Salv, Haul & STKPL, RCL APH PV (Var. Depth)

La siguiente tabla muestra la maquinaria en sitio. De izquierda a derecha se muestra la cantidad de máquinas, el modelo, la descripción del equipo, las horas trabajadas, las horas que estuvo estacionada, descompuesta, encendida, la etiqueta asignada que en este caso representa las estaciones de trabajo y el contratista que es propietario del equipo.

Amount	Identifier	Description	Operating	Standby	Down	Idle	Tag	Contractor
3		18 Wheelers Flat Bed	4	4			SN89 FM621 129+00 to 132+40	Texas Materials
1	Volvo DD30B	Small Double drum steel wheel vibrocompactor	8				SN89 FM621 129+00 to 132+40	Texas Materials
1		Truck Mounted Attenuator	8				SN89 FM621 129+00 to 132+40	RTC
1	HAMM GRW 280i	Pneumatic Compactor	8				SN89 FM621 129+00 to 132+40	Texas Materials
1	MT 300	Service Truck	8				SN89 FM621 129+00 to 132+40	Texas Materials
1	Cat CB 54	Double Steel Drum Vibrocompactor	8				SN89 FM621 129+00 to 132+40	Texas Materials
1	Ford	Water Truck	8				SN89 FM621 129+00 to 132+40	Texas Materials
1	CAT AP1055 F	Asphalt Paver	8				SN89 FM621 129+00 to 132+40	Texas Materials
1		Oiler Truck 2000 gal	8				SN89 FM621 129+00 to 132+40	Texas Materials
1	Wirtgen W200i	Milling Machine	8				SN89 FM621 129+00 to 132+40	Texas Materials
2	John Deere 310	Backhoe	8				SN89 FM621 129+00 to 132+40	Texas Materials
1	Bruce Broom	Broom Machine	8				SN89 FM621 129+00 to 132+40	Texas Materials
6		Dump Truck	8				SN89 FM621 129+00 to 132+40	Texas Materials
1	Weiler E2850	Remixing Transfer vehicle	8				SN89 FM621 129+00 to 132+40	Texas Materials

Finalmente, el software crea un informe que incluye todas las observaciones del día. Como se mencionó antes las notas son presentadas en orden cronológico de acuerdo con la hora de entrada de los datos y presenta un resumen del equipo, la mano de obra, cantidades de trabajo realizado y condiciones climáticas.

Esta automatización ahorra muchas horas de trabajo a los inspectores y gerentes de construcción porque les permite buscar y recuperar información más rápidamente que los informes escritos a mano. La tabla en la página siguiente muestra un ejemplo del documento que se genera diariamente en forma automatizada.

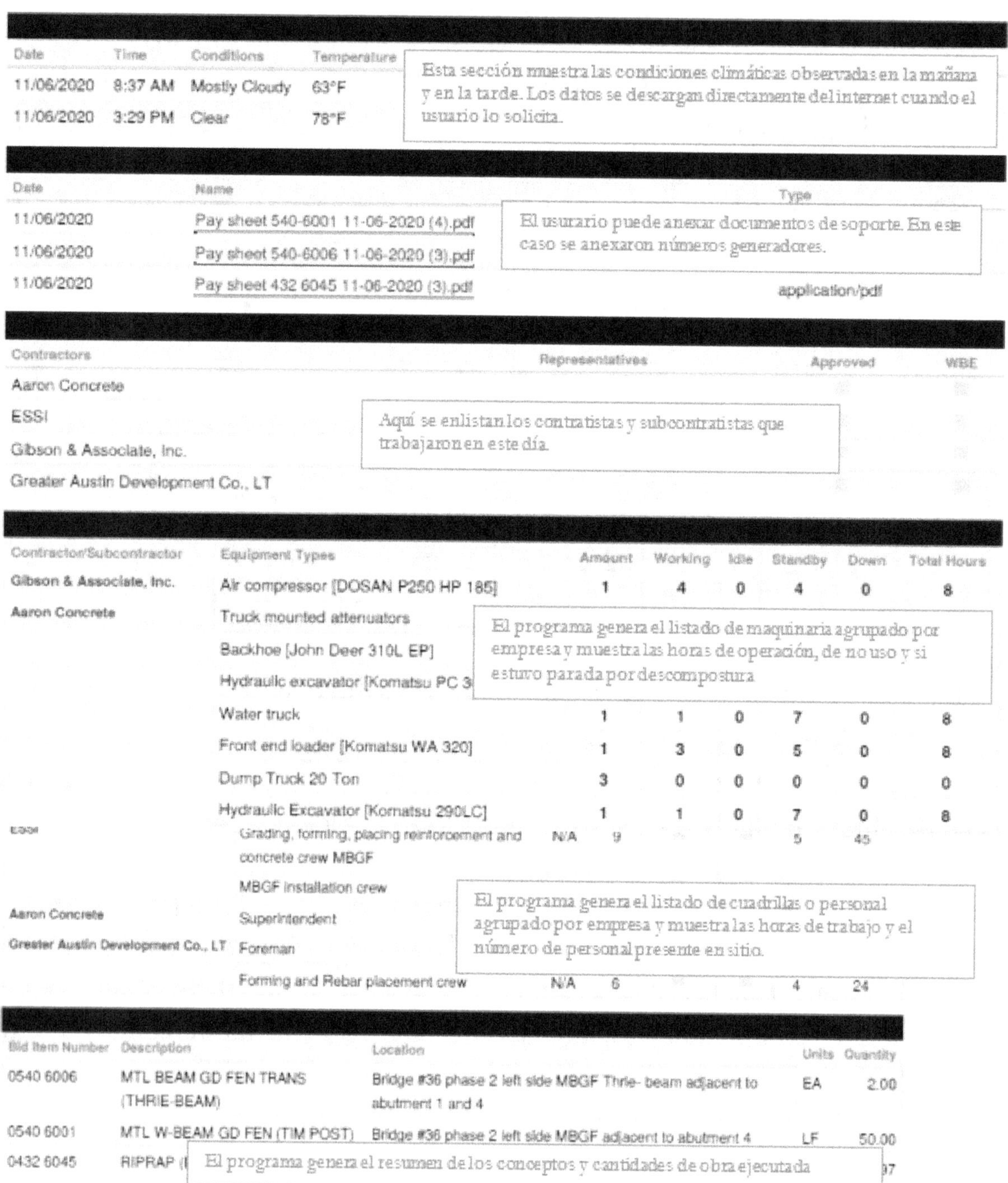

Date	Time	Conditions	Temperature
11/06/2020	8:37 AM	Mostly Cloudy	63°F
11/06/2020	3:29 PM	Clear	78°F

Esta sección muestra las condiciones climáticas observadas en la mañana y en la tarde. Los datos se descargan directamente del internet cuando el usuario lo solicita.

Date	Name	Type
11/06/2020	Pay sheet 540-6001 11-06-2020 (4).pdf	
11/06/2020	Pay sheet 540-6006 11-06-2020 (3).pdf	
11/06/2020	Pay sheet 432 6045 11-06-2020 (3).pdf	application/pdf

El usuario puede anexar documentos de soporte. En este caso se anexaron números generadores.

Contractors	Representatives	Approved	WBE
Aaron Concrete			
ESSI			
Gibson & Associate, Inc.			
Greater Austin Development Co., LT			

Aquí se enlistan los contratistas y subcontratistas que trabajaron en este día.

Contractor/Subcontractor	Equipment Types	Amount	Working	Idle	Standby	Down	Total Hours
Gibson & Associate, Inc.	Air compressor [DOSAN P250 HP 185]	1	4	0	4	0	8
Aaron Concrete	Truck mounted attenuators						
	Backhoe [John Deer 310L EP]						
	Hydraulic excavator [Komatsu PC 3						
	Water truck	1	1	0	7	0	8
	Front end loader [Komatsu WA 320]	1	3	0	5	0	8
	Dump Truck 20 Ton	3	0	0	0	0	0
	Hydraulic Excavator [Komatsu 290LC]	1	1	0	7	0	8
ESSI	Grading, forming, placing reinforcement and concrete crew MBGF	N/A	9			5	45
	MBGF installation crew						
Aaron Concrete	Superintendent						
Greater Austin Development Co., LT	Foreman						
	Forming and Rebar placement crew	N/A	6			4	24

El programa genera el listado de maquinaria agrupado por empresa y muestra las horas de operación, de no uso y si estuvo parada por descompostura

El programa genera el listado de cuadrillas o personal agrupado por empresa y muestra las horas de trabajo y el número de personal presente en sitio.

Bid Item Number	Description	Location	Units	Quantity
0540 6006	MTL BEAM GD FEN TRANS (THRIE-BEAM)	Bridge #36 phase 2 left side MBGF Thrie- beam adjacent to abutment 1 and 4	EA	2.00
0540 6001	MTL W-BEAM GD FEN (TIM POST)	Bridge #36 phase 2 left side MBGF adjacent to abutment 4	LF	50.00
0432 6045	RIPRAP (			07

El programa genera el resumen de los conceptos y cantidades de obra ejecutada

Este tipo de programas ayuda grandemente en el control del proyecto porque permite encontrar y ordenar datos de una manera sencilla y eficiente. Sin embargo, los mayores beneficios se obtienen cuando el personal que introduce la información tiene un entendimiento claro de los eventos que se tienen que documentar. Quiero enfatizar, que los reportes se escriben para que alguien más los revise en el futuro. Estas personas tal vez tengan que presentar o defender un reclamo. Tal vez quien revise los reportes pertenece a nuestra misma empresa, o es nuestro cliente, o quizás sea algún representante externo como puede ser un abogado o un perito de construcción. Quien sea que revise el reporte diario de construcción espera encontrar información valiosa que soporte sus argumentos. Los reportes diarios son por lo tanto nuestra mejor herramienta para describir la historia del proyecto. Para los lectores en México... No confundamos el reporte diario de construcción con la Bitácora de Obra.

La Bitácora de Obra es un libro controlado y foliado con acceso limitado a personas con autoridad como lo es el Gerente, el Superintendente o el Supervisor en el proyecto. En la bitácora el supervisor da instrucciones y el Contratista hace preguntas sobre dudas del proyecto. Ambos pueden describir problemas y solicitar soluciones. En México la bitácora es el medio oficial y legal de comunicación entre las partes que firman el contrato y es vigente durante el desarrollo de la obra. La bitácora se limita a la identificación y prevención de riesgos, así como la definición de responsabilidades en un asunto en particular, de tal modo que solo debe limitarse a asuntos importantes. El manejo de la bitácora es una función de la residencia o supervisión de la obra.

El reporte diario es un documento que todo supervisor en campo debe de elaborar cada día, independientemente del uso de la Bitácora. La Bitácora en los Estados Unidos no se maneja.

Es importante mencionar que se debe seleccionar un paquete de software adecuado a la función que la empresa está desempeñando en el proyecto. Me refiero a que existen otros paquetes o programas utilizados para escribir reportes diarios que son mejores para el uso de un Contratista.

El paquete descrito en esta sección se refiere a un programa adecuado para una empresa de supervisión cuando el cliente no maneja un paquete internamente. La fortaleza de este programa en particular es la facilidad de tomar fotos, escribir notas y filtrar información, pero carece de un módulo que permita generar las estimaciones mensuales del contratista automáticamente. El Departamento de Transportación de Texas junto con otros estados utilizan ASHTOWare Project SiteManager. SiteManager es una herramienta integral para administración de la construcción donde equipos de supervisión meten datos diarios y Gerentes de Proyectos pueden dar el seguimiento, generar informes y analizar los datos del contrato desde la adjudicación del contrato hasta la finalización; incluyendo la generación automática de estimaciones. El Departamento de Transportación de Texas no permite el uso de otro tipo de software para el control de sus proyectos y de hecho da acceso temporal a empresas de consultoría que desempeñan los servicios de supervisión.

En el capítulo anterior dimos unos ejemplos de las aplicaciones o software que pueden usarse para escribir los reportes diarios de construcción. Al respecto, quiero resaltar la importancia de mantener una copia personal de todos esos reportes. Dicho lo anterior, debemos ser conscientes de cumplir con lo establecido en contratos laborales entre el empleado y el empleador para respetar acuerdos de confidencialidad

Se dice que se aprende más de los errores que de los aciertos. *¿Pero cómo podemos transmitir ese aprendizaje adquirido a nuestros equipos de trabajo con la idea de no repetir el mismo error?* Este es precisamente, el tema central de esta lección.

"Se los dije" decía nuestro Director de Construcción cuando se enteró que el claro libre requerido ente la vía del tren y la viga metálica instalada para el puente que las cruzaría, no tenía la altura mostrada en los planos.

Hablamos de este caso en el capítulo titulado "Comprender el Problema que Resuelve este Libro". Recuerdo que, en alguna junta preliminar a la construcción de ese puente, nuestro director pidió al contratista verificar elevaciones de la vía y verificar que el claro libre sería el adecuado. Desafortunadamente, para nuestro equipo de supervisión, ninguna de las minutas generadas o reporte diarios de inspección registraron esas conversaciones; por lo que legalmente al final, era la palabra del supervisor contra la palabra del contratista. En aquella ocasión la plática en ese tema inició con una anécdota en un proyecto similar donde se detectó a tiempo que la elevación del riel mostrada en planos estaba incorrecta. Todos recordamos esa historia, aun así, el resultado de este error concluyó en desmontar las vigas, demoler secciones del puente recientemente construidas y modificar los asientos en varios capiteles.

La foto muestra las cimbras de madera colocadas para las modificaciones en los asientos del capitel.

En otra ocasión, específicamente en el 2011, me llamó Debi para preguntar sobre algunos problemas que tuvimos en uno de nuestros proyectos. El proyecto terminó en el 2006. Debi quien era mi jefe y a la vez dueña de la empresa donde yo trabajaba en ese entonces, necesitaba algunos datos porque ella estaba tratando de llegar a un acuerdo final con un cliente al que había demandado por falta de pago e incumplimiento de contrato. Me dijo que necesitaba recordar cómo se dieron los hechos de un problema en particular porque no estaban claros los argumentos que se habían dado. ¿Pero cómo que no están claros los argumentos? Pregunté. Desafortunadamente no tengo copias de mis registros y no me acuerdo de los detalles, pero si recuerdo que tú, el abogado y yo nos sentamos a discutir ese tema cuando mandamos el reclamo respondí. ¿Ya buscaste en los reportes diarios o en los documentos que se le dieron al abogado? Volví a preguntar. A lo que ella respondió: "El abogado menciona los reportes, pero los reportes no están. Hay mucha información en los archivos físicos y no los puedo encontrar"

Las dos breves historias ilustran como los reportes detallados de los problemas es importante, como los reportes pueden necesitarse varios años después de terminado el proyecto, pero también refleja la necesidad de mantener un sistema de archivo adecuado y especialmente tener un sistema que resuma los problemas, sus soluciones y riesgos del proyecto.

El registro de riesgos y el sistema de archivos son temas que serán tratado en otra ocasión. Por lo pronto, el punto es entender que mantener una copia personal de los reportes diarios es una buena práctica para proteger los intereses de la empresa y muchas veces el interés personal.

Otro punto importante es que los reportes diarios al final, redactan la experiencia personalmente adquirida y si están bien escritos narran la forma en que el equipo de trabajo resolvió los problemas del proyecto. Esta documentación de la experiencia puede ayudarte algún día en avanzar tu carrera profesional. Es decir, es muy probable que algunos de los problemas que vamos resolviendo se presenten en el futuro en otros proyectos similares. Por lo que es buena práctica tener un registro accesible al que podamos consultar años después. A la fecha, la experiencia profesional nos sirve para adquirir nuevas posiciones o empleos y comúnmente la resumimos en nuestro currículo vitae. En mi experiencia de entrevistas para nuevos empleos, frecuentemente la plática se inclina a describir problemas que enfrenté y soluciones que se encontraron; por lo que tener un resumen con los retos más importantes de cada proyecto en el que participaste es de gran valor. Lo que no se escribe se olvida.

¿Pero cómo podemos transmitir ese aprendizaje adquirido a nuestros equipos de trabajo con la idea de no repetir el mismo error?

El proceso se sintetiza en describir el problema que tuvimos y las soluciones que se aplicaron, resumir la experiencia en lecciones que aprendimos, implementar un sistema efectivo para coleccionar y compartir estas historias con los demás y finalmente monitorear los riesgos latentes y tomar acciones que los eliminen o minimicen.

En el pasado, esta tarea de resumir los problemas y soluciones de una manera práctica era imposible, pero hoy en día existen aplicaciones que nos ayudan fácilmente a almacenar, acomodar y filtrar grandes bases de datos.

Utilizando programas adecuados que viven en la nube, podemos tener un acceso a la información en forma inmediata y desde cualquier lugar, ya sea a través de computadoras, tabletas o teléfonos inteligentes. Aprender a usar herramientas de Microsoft como Excel, Word y PowerPoint era suficiente hasta hace algunos años. Ahora los profesionistas para ser competitivos requieren manipular datos diarios en esas herramientas y otras como SharePoint y Power-Bi donde los datos se almacenan, los reportes se automatizan y los datos pueden ser visualizados.

El reporte de lecciones aprendidas podemos dividirlo en dos.

- Una base de datos para resumen de problemas/soluciones y
- otra base de datos para lecciones aprendidas.

1. **Resumen de problemas y soluciones**. En todo proyecto suceden situaciones inesperadas que pueden afectar el costo, la calidad, el plazo de duración o al público en general. Cuando eso sucede y debido a la importancia de estos eventos, es una buena práctica hacer un resumen del problema y la solución que se encontró. En otras palabras, se hace un resumen de los hechos descritos en el reporte diario y se genera una tabla que pueda ser ordenada y filtrada para la pronta localización del problema. La tabla con el ejemplo mostrado a continuación puede ser generada en Excel, pero es más práctico hacerla en SharePoint.

Categoría	Subcategoría	Reto o Problema	Solución	Encargado
Precios Bajos del Contratista	Estructuras de Concreto.	La cuadrilla del contratista se estaba preparando para cimbrar una estructura cuando Alberto se percató que el triplay estaba defectuoso y no cumpliría con el acabado de concreto aparente solicitado en la especificación. El sobrestante indico que con el fin de optimizar el costo del cimbrado iban a reutilizar madera proveniente de otro	Alberto resolvió el problema explicando al sobrestante que el triplay especificado para acabados aparentes era de clase I sin defecto y debería estar limpia. Para proceder con el cimbrado todas las superficies con terminado aparente deberían cumplir con este requerimiento. Para otras superficies no expuestas podían utilizar madera con menor calidad siempre y cuando no tuviera	Ing. Munguía

			proyecto.	imperfecciones que pudieran afectar su resistencia.	
Errores y Discrepancias en Planos	Alcance del Contrato	El Contratista hizo un reclamo para agregar $400,000 dólares y 3 meses más al contrato por la necesidad de hacer un corte vertical en el talud y estabilizarlo con anclas y concreto lanzado para poder iniciar la construcción de un puente, argumentando que durante el proceso de licitación pidieron aclaración. El Contratista nunca recibió respuesta del Departamento de Transportación por lo que excluyeron el costo en su presupuesto.	Alberto y el Residente de Obra revisaron y validaron el reclamo. Se determinó que el costo de construcción podría reducirse un 15% y coincidieron con la duración estimada. Sin embargo, para minimizar el impacto, la supervisión y el contratista buscaron una solución diferente y se tomó la decisión de construir un muro de contención más pequeño aguas arriba. Con esto el tráfico podría desviarse al puente recientemente construido y evitar el corte vertical y la estabilización. La propuesta inicial del contratista fue rechazada y se aprobó un costo adicional mucho menor retrasando el proyecto 45 días.	Ing. Munguía
Categoría	**Subcategoría**	**Reto o Problema**	**Solución**	**Encargado**
Errores y Discrepancias en Planos	Estructuras de Concreto	La Supervisión y Contratista concluyeron que había un error de elevaciones en una columna. Al revisar los datos verticales de la geometría en la columna y el capitel se observó que la elevación en los asientos para las vigas de concreto era incorrecta. El Contratista estimó un retraso de 30 días para modificar el refuerzo y la cimbra prefabricada.	Una vez detectado el posible retraso, Alberto instruyó a los inspectores a documentar detalladamente las actividades relacionadas con este problema. Utilizando el programa de Construcción del Contratista generado en Primavera P6, Alberto agregó actividades de avance tal como fueron reportadas en los reportes diarios. Una vez concluida la construcción de la columna Alberto y el Contratista se reunieron para evaluar el retraso.	Ing. Munguía

Categoría	Subcategoría	Reto o Problema	Solución	Encargado
			En la revisión Alberto detectó retrasos atribuibles al contratista que compensaban retrasos ocasionados por el error del diseñador. Al ser proactivos en el monitoreo del impacto real, Alberto y el contratista acordaron una extensión de 12 días resultando en una resolución del reclamo exitosa.	
Fases y Secuencia de Construcción	Desviaciones de tráfico	Un segmento de la carretera interestatal 35 que figura entre las 10 carreteras más congestionadas de Texas requería desviar e invertir el tráfico para la demolición y reconstrucción del puente que cruza la carretera en la calle St. Johns. El Contratista estimó que trabajando continuamente podría reestablecer el tráfico en 4 días. El equipo necesitaba determinar cuál era el mejor mes, día y hora para hacer esta operación y reducir el impacto al tráfico. O solicitar eliminación de cuotas en el camino de peaje aledaño el cual significaría un costo de 1 Millón de dólares para el Estado.	Alberto analizó los volúmenes de tráfico recopilados con sensores instalados en los Tableros Inteligentes y determinó cuatro días consecutivos en los que la construcción afectaría a la menor cantidad de vehículos incluyendo la determinación de la hora en que la carretera debía cerrarse y reabrirse al tráfico. El equipo planeó operaciones en un mes en que las escuelas cercanas estaban cerradas. En el día de la operación, Alberto supervisó e informó cada hora sobre los retrasos vehiculares observados para determinar si el tráfico era adecuado o requería desviarse a una carretera de peaje cercana	Ing. Munguía
Categoría	Subcategoría	Reto o Problema	Solución	Encargado
Errores y Discrepancias en Planos	Estructuras de Concreto	La Supervisión y Contratista concluyeron que había un error de elevaciones en varias columnas. Al revisar los datos verticales de la geometría en la columna y el capitel se observó que la elevación en los asientos para las vigas de concreto era correcta de acuerdo con las dimensiones en planos. Sin embargo, el claro libre entre las vigas y la vía del tren no era de acuerdo con lo indicado en planos. Por lo cual era necesario	Se decidió compensar al Contratista por los costos directos adicionales que incurriría para remediar el problema. Sin embargo, de acuerdo con la especificación se limitó el costo de utilidad e indirecto a los porcentajes establecidos reduciendo así el costo final a un poco menos de 2 Millones de dólares. El contrato fue revisado y actualizado con un incremento en costo y tiempo.	Ing. Martínez

		desmotar vigas, demoler losas y aumentar altura en los asientos del capitel. El Contratista mandó un reclamo por 2.6 Millones de dólares y solicitó que se agregaran 90 días al contrato, argumentando que ellos construyeron el proyecto de acuerdo con los planos autorizados.		

Otros datos almacenados que no se muestran en la tabla incluyen; la descripción del trabajo, el costo del proyecto y la empresa responsable de la solución. Todos estos encabezados pueden filtrarse para ordenar y encontrar la información de una manera eficiente.

Ejemplo de otras categorías no mostradas en la tabla incluye; Control de Erosión, Materiales inadecuados para terracerías, Cambios de Flujo en Drenajes, Falla de Prueba en Suelos, Fallas de Prueba en Concreto, Contaminación de Reservas Naturales, etcétera.

2. **Lecciones aprendidas**. Encontrar problemas y resolverlos o inclusive equivocarse, siempre nos dejan una lección. Este aprendizaje forma parte de nuestro crecimiento profesional. Aprender de los errores significa minimizarlos, o si es posible evitarlos en el futuro. Con esa idea debemos acostumbrarnos a documentar estas experiencias y poder compartir el conocimiento con los que vienen detrás. Las notas son útiles inclusive para uno mismo porque con el paso del tiempo la mente olvida.

La tabla de lecciones aprendidas que se muestra en las siguientes páginas incluye algunos ejemplos de lo que yo aprendí al enfrentar problemas en campo.

Las lecciones que comparto a continuación, muchas veces no se refieren a la falta del conocimiento teórico aprendido en la escuela, sino en la responsabilidad del supervisor en el campo. Pero es cierto que también es necesario el entrenamiento continuo para expandir el conocimiento técnico y computacional.

Desde mi punto de vista, algo de lo más valioso que adquirimos en la escuela de ingeniería es el entrenamiento para resolver problemas. En la vida profesional, eso se transforma en un continuo esfuerzo de aprendizaje que nos ayuda a satisfacer de una manera más eficiente las necesidades del cliente y las comunidades a las que servimos.

Aprendí que el trabajo en equipo basado en el mutuo beneficio, en el compartimiento de conocimiento y en la generación de confianza; es una de las rutas que nos llevan a resolver problemas que al final resultan en una mejor calidad de vida para todos. Por eso hago énfasis en la necesidad de mantenernos actualizados con el estudio constante y compartir lo que aprendemos con otros para así poder contribuir en la resolución de problemas. El beneficio de resolver problemas en un proyecto se refleja de muchas maneras, por ejemplo, repetición de clientes, incentivos financieros y reconocimiento profesional. La solución de los problemas finalmente incrementa la confianza entre las personas que interactúan.

La tabla de abajo fue desarrollada en Microsoft SharePoint. SharePoint permite almacenar muchos datos, pero también permite automatizar procesos y es posible colaborar simultáneamente en el contenido de los documentos. En esta aplicación se filtra la información y se visualizan datos de muchas maneras. A continuación, se muestran ejemplos de cómo documentar las lecciones que aprendemos.

Categoría	Lección Aprendida	Escrito Por:
Ambiental	Durante el proceso de construcción los sitios del proyecto están sujetos a las fuerzas naturales de erosión por lluvias, al escurrimiento de aguas pluviales y a las fuerzas del viento. También hay muchas causas de erosión provocadas por el hombre, como las actividades de remoción de vegetación, desbroce, cortes y rellenos para terracerías. Estas pérdidas de suelo no siempre son evidentes para los supervisores de la construcción, ya que el flujo del escurrimiento superficial puede potencialmente causar más pérdida de sedimentos que los flujos de agua concentrados durante una tormenta intensa. Los sitios de construcción son vulnerables a pérdidas repetidas cuando se exponen a elementos naturales si no se protegen adecuadamente. La selección y construcción de las medidas más apropiadas que sean capaces de resistir la magnitud de las fuerzas erosivas depende en parte de la selección de medidas de control de sedimentos y erosión por parte del diseñador. Sin embargo, el personal de campo se asegura de que los métodos utilizados sean efectivos o según lo previsto.	Ing. Munguía
Aseguramiento	La vida útil de los muros de tierra mecánicamente estabilizada depende de la velocidad de corrosión de los refuerzos metálicos durante la construcción. Por lo tanto, garantizar	Ing. Munguía

de Calidad	que el Contratista proporcione un relleno que cumpla con los requisitos electroquímicos es esencial para la durabilidad de la pared.	
Aceleramiento de la Construcción	Los capiteles de concreto pretensados en la construcción de puentes, son una solución alternativa para acelerar la construcción, minimizar la interrupción del tráfico y potencialmente ahorrar costos de construcción porque las plantas de pretensado fabrican la subestructura fuera del sitio mientras que las cuadrillas en el sitio instalan otros elementos simultáneamente, lo que resulta en una reducción del tiempo de cierre de carriles. Además, los vacíos internos para reducir el peso del elemento estructural podrían reducir la cantidad de líneas de columnas en una subestructura, lo que podría ahorrar sustancialmente los costos de construcción.	Ing. Munguía
Ambiental	Investigadores de la Universidad de Texas A&M visitaron a representantes del Departamento de Transportación en Texas para hablar sobre los problemas ambientales existentes para los ingenieros de construcción. Los investigadores evaluaron los controles temporales de erosión y sedimentación que se están utilizando actualmente. Los investigadores agruparon los problemas en once áreas problemáticas y las categorizaron como Mayores o Menores en Importancia. Los investigadores también estimaron los porcentajes correspondientes. Los primeros cuatro problemas son los problemas significativos que sumaron aproximadamente el 80% de las dificultades. Si se abordan adecuadamente los problemas mayores significativos, el 20 % restante de los problemas menores se resolverán por sí solos. GRUPO 1 PRINCIPALES PROBLEMAS: • La selección de la medida fue inadecuada para la función requerida - 32% • La especificación de siembra no se usó correctamente o se malinterpretó: 19 % • Subutilización de materiales locales - 15% • No se mantuvo la medida temporal de control de erosión - 08% GRUPO 2 PROBLEMAS MENORES: • La protección del cruce de arroyos fue inadecuada - 06% • No se alteró la inclinación de la pendiente cuando fue posible - 06% • El manejo de los materiales de desecho fue incorrecto- 04% • Las salidas de la construcción no estaban debidamente estabilizadas- 03% • No se implementó la medida temporal de control de erosión porque el área era plana- 03% • Instalación incorrecta de medida - 03 % • Instalación de material diferente al especificado - 01 % A partir del estudio de campo, los diseñadores e ingenieros observaron que las siguientes medidas temporales de control de sedimentos y erosión se pueden utilizar con mayor frecuencia: Cercas de control de sedimentos, diques de fardos de heno, diques de filtro de roca,	Ing. Munguía

	siembra temporal, hileras de tierra en la parte superior de terraplenes, sacos de arena, superficies rugosas (tanto paralelas como perpendiculares al talud), bermas rocosas y cambios de nivelación para aplanar taludes y gaviones.	
Puentes Sobre Vías Existentes	Antes de empezar la construcción de puentes sobre carreteras o vías ferroviarias existentes se debe recomendar al cliente permitir a la supervisión hacer un estudio de constructibilidad donde se verifican elevaciones de vías existentes y se revisa el cálculo de elevaciones en los puentes que las cruzan.	Ing. Munguia

Imaginemos la cantidad de conocimiento que las empresas y los equipos de construcción pueden coleccionar y usar para anticiparse o resolver problemas. El secreto es encontrar la manera de compartir el conocimiento con nuestros equipos de trabajo, de ahí la importancia del sistema descrito.

Empresas internacionales con niveles administrativos de madurez altos llaman a estos espacios Centros de Colaboración. Estos Centros de Colaboración forman parte central de las herramientas que los empleados tienen para compartir conocimiento a nivel mundial, impulsar la eficiencia y promover el intercambio de conocimientos.

¿Qué Sigue?

En lo que se refiere a escribir los diarios de la construcción, hicimos nuestro mejor esfuerzo para transmitirte lo que aprendimos en el campo. Contesta el examen en las páginas siguientes para reforzar el conocimiento adquirido.

Tenemos una gran historia que contar y hay muchos temas más que discutir, por eso, te invitamos a seguir con nosotros y leer el volumen 2 de esta serie.

Si aprendiste algo valioso y consideras que alguien más puede beneficiarse de esta información, te pido que recomiendes esta publicación y que regreses a amazon.com o amazon.com.mx dejando tu comentario. Las revisiones son importantes para compartir el conocimiento de lo que hemos aprendido en el campo y de esta manera facilitar la tarea de los que vienen detrás.

Buena suerte y hasta entonces; Sigamos construyendo carreteras y puentes con la calidad suficiente para que perduren y permitan a nuestras familias regresar a casa.

Si puedo contribuir en tu éxito cuenta con ello y conectate conmigo. Buscame en LinkedIn: linkedin.com/in/ingamunguiapmp

¿Hablas inglés? ¿Eres ingeniero? ¿Quieres saber cómo puedes trabajar en USA? Send me a message in LinkedIn

Acerca del Ing. Arturo Munguía Sánchez. - Colaborador Especial

El ingeniero Arturo Munguía Sánchez empezó su carrera en la ingeniería civil en 1954 en la ciudad de Toluca, que es la capital del Estado de México, en la República Mexicana; cuando a los 14 años conoció y tocó por primera vez un equipo de topografía conocido como "Tránsito" con el que se hacían los trazos topográficos. Fue tanto su asombro que durante periodos vacacionales de la primaria y días festivos voluntariamente trabajaba como liniero en las brigadas de topografía de la Secretaría de Comunicaciones y Obras Públicas (SCOP) durante la construcción de caminos.

A los 16 años se incorporó formalmente a la SCOP trabajando por las tardes después de asistir a clases de secundaria. Arturo trabajaba como dibujante de secciones transversales y trazos para los caminos. A los 17 años debido a su empeño, dedicación y habilidades de comunicación fue promovido como coordinador de las brigadas de topografía para lo que cambio su calendario de estudios por la tarde para poder trabajar en las mañanas.

Al entrar a la preparatoria consiguió trabajo nocturno en Recursos hidráulicos, donde registraba en la bitácora, las lecturas de la instrumentación de la estación meteorológica y el nivel del agua de la presa José Arzate. A los 18 años realizaba trabajos como dibujante y cuando fue necesario lavaba coches para sobrevivir.

Con mucho esfuerzo, pero ayudado por ingenieros que conocían de su buena reputación, capacidad e inteligencia, Arturo pudo entrar a la Universidad Autónoma del Estado de México (UAEM) y fue aceptado en la escuela de ingeniería Civil. Durante sus estudios de ingeniería continuó trabajando, adquiriendo experiencia en edificaciones, carreteras y presas. Arturo no pudo ser el mejor estudiante pues constantemente faltaba a clases por su trabajo, pero conseguía apuntes prestados para estudiar y presentaba los exámenes extraordinarios para pasar sus materias. Arturo no fue el mejor estudiante, pero si el más experimentado. Debido a ser el estudiante con más experiencia laboral fue seleccionado para ayudar al ingeniero Residente en la construcción de los laboratorios de la facultad de ingeniería y del estadio universitario cuando la UAEM estaba en un periodo de expansión. Ahí tuvo la oportunidad de conocer procedimientos constructivos innovativos en esa época al construir losas de techo en forma de arco.

Arturo además de trabajar y estudiar, era una estrella del futbol local y desde pequeño formó parte de selecciones estudiantiles y estatales. Perteneció a la selección de futbol de la UAEM, que era compuesta por los mejores jugadores de las escuelas de esa institución. Los domingos se enfrentaban a las reservas de los equipos de futbol profesional. Cabe mencionar que cuando Arturo tenía 9 años cayó de una barda mientras jugaba y debido a una mala atención medica le amputaron su brazo izquierdo. Poco después cuando él tenía 11 años murió su madre y perdió a su padre antes de terminar sus estudios universitarios a los 24 años. Arturo a su corta edad, aprendió a luchar más allá de la resistencia. Su niñez y juventud fue intensa, pero cabalmente disfrutó y sufrió todo lo que la vida le mandaba.

En 1966 cuando tenía 26 años se gradúa como ingeniero civil pero ya no le es atractivo el puesto de Dibujante que le ofrecen en Toluca por ser pasante, por lo que decide probar suerte en la gran Ciudad de México. Después de una desesperante búsqueda en la ciudad encuentra su primer trabajo en la Secretaría de Marina en las oficinas de Planeación y Construcción de Obras Marítimas donde le asignaron actividades relevantes relacionadas con la construcción.

Después de un tiempo la empresa de Terracerías y Construcciones Marítimas lo contrata para dirigir la construcción del Sistema de Agua Potable en Altata Sinaloa y la rectificación de un tramo carretero en el tramo de Navolato a Altata. Regresa a la Ciudad de México con otra empresa para participar en la construcción de las lumbreras 11 y 12 que son parte de la primera etapa del drenaje profundo de la Ciudad de México donde es nombrado Residente de Construcción y adquiere experiencia en el manejo de la dinamita.

El 17 de Octubre de 1967 presenta y aprueba su examen profesional que lo acredita como Ingeniero Civil titulado y es contratado como Residente de Terracerías en la construcción del Sistema de Riego de Janos en Chihuahua. Después fue enviado a Guaymas, Sonora; para terminar la construcción de un puente. Al concluir el puente es trasladado a Durango para finalizar la Ampliación de la Red de Drenaje de la ciudad.
El Ingeniero Munguía regresa a Toluca a trabajar para la Secretaría de Recursos Hidráulicos, donde debido a sus habilidades, experiencia y carisma lo hacen

responsable del Departamento de Construcción. Es en este puesto donde se le abre el camino para lograr posiciones importantes en la Administración de la Obra Pública de los gobiernos federal, estatal y municipal. Aquí se entrega más arduamente al trabajo con la firme decisión de escalar peldaños que le permitiera alcanzar su sueño de formar una familia.

Una empresa descentralizada llamada Constructora del Estado de México tenía un programa ambicioso y de mucha importancia para el gobernador en curso. El programa consistía en construir bordos en todo el territorio del Estado de México; por lo que es nombrado Superintendente de Construcción.

El ingeniero sale un tiempo de empresas de gobierno para trabajar en una constructora privada (COVISA) donde participa como Residente de Obras en proyectos importantes de la capital del Estado de México, pero recomendado por el Director General del Organismo Público Descentralizado del Estado de México (ODEM) es nombrado Residente de Edificación para construir la Ciudad de Cuautitlán Izcalli uno de los proyectos más emblemáticos del Gobernador Carlos Hank González. La habilidad del ingeniero para resolver problemas y avanzar la obra es reconocida y es nombrado Gerente de Construcción logrando concluir exitosamente la primera fase del proyecto simultáneamente con la terminación del sexenio del Gobernador.

Al término del proyecto en Cuautitlán, el ingeniero es nombrado Subdirector de Estudios y Proyectos para la ampliación del Sistema de Transporte Colectivo "Metro" y de los Talleres de Zaragoza del Distrito Federal en la Ciudad de México. La actuación del ingeniero en estas obras de importancia nacional es relevante y recibe el reconocimiento de todos los participantes incluyendo el Regente de la ciudad de México y el Director General del Metro. Por su experiencia y nivel de competitividad lo asignaron a impartir dos conferencias en Canadá titulada Procedimientos Constructivos del Metro en la Ciudad de México. Además, lo hicieron responsable de concretar los términos en la adquisición de un novedoso Sistema de Pilotaje Automático utilizado en México años después.
Al regresar de Canadá fue nombrado Subgerente de Construcción y siguió atendiendo la Subgerencia de estudios y Proyectos a través de un encargado a petición del Director. El ingeniero Munguía continuó mostrando resultados y fue nombrado Gerente de Obras del Metro.

En 1984 el Regente de la Ciudad de México conociendo la capacidad del Ingeniero Munguía lo nombra Subdirector de Construcción de Obras Viales en la Dirección de Obras Públicas y es encargado de restructurar la dependencia, administrar y supervisar las obras viales del Distrito Federal.

El sismo de 1985 en México marcó profundamente la vida del ingeniero Munguía, pues en medio de edificios derrumbados y gritos de auxilio, dirigió y coordinó labores de rescate e inspecciones de edificios y viviendas a punto de colapsar. Trabajaron por semanas en jornadas de 24 horas continuas. Al día siguiente del temblor de 8.5 grados en la escala de Richter, cuando el ingeniero Munguía llevaba a especialistas de demolición con dinamita a los sótanos del edificio Pino Suárez del Metro; sintió una de las varias réplicas del temblor que se presentaron. Su grupo de expertos y él se encontraban a más de 40 metros de profundidad cuando elementos estructurales y desprendimiento de concreto y acero cayeron estrepitosamente sobre ellos. Gracias a su instinto, experiencia y voluntad de Dios, en segundos dirigió al grupo a un nicho de seguridad que identificó al pasar. Esta acción les salvó la vida.

Al terminar el periodo de Subdirector de Construcción de Obras viales decidió abrir su propia empresa constructora donde tomó el cargo de Director General Adjunto y proporcionó servicios de ingeniería a PEMEX. Sin embargo, regresó al manejo de la obra pública, cuando el Gobernador del Estado de México lo nombra Director General de Obras Públicas. Al terminar su encargo, reinicia su empresa y da servicios a la Junta Local de Caminos (JLC), a la Comisión Estatal de Agua y Saneamiento (CEAS) y en Instalaciones Educativas. Después de un tiempo, el Director General de la Comisión Nacional del Agua (CNA) lo asigna como Subgerente y le encarga la tarea importante de hacer los estudios necesarios para demostrar a las Cámaras de Diputados y Senadores la necesidad de manejar las Obras de Protección a Centros de Población como un programa con recursos propios. Una vez logrado ese objetivo, organizó y administró ese programa a nivel nacional. En Octubre de 1999 el frente frío Número 5, una baja presión y la depresión tropical Número 11, interactuaron y desencadenaron uno de los peores desastres naturales en el norte de Veracruz y sierra de Puebla. El Ingeniero Munguía es uno de los tres ingenieros que la CNA mandó para coordinar y atender la emergencia en la Ciudad de Gutiérrez Zamora ubicada en la margen del Rio Tecolutla con cerca de 24 mil habitantes. Gracias a su experiencia en el manejo de desastres, a los esfuerzos de coordinación y manejo de recursos; los trabajos de restablecimiento de agua potable y limpieza del municipio se lograron en un periodo menor de 30 días. De esta manera el ingeniero cumplió con lo que había prometido al Lic. Ernesto Zedillo, presidente de la República Mexicana. Estando en la CNA el ingeniero Munguía dirigió más acciones emergentes necesarias para ayudar a las poblaciones afectadas por desastres naturales.

El ingeniero Arturo Munguía empezó su carrera en la ingeniería civil en 1954 en Toluca la capital del Estado de México y se retiró del ámbito laboral en el 2005. En esos 51 años ganó experiencia trabajando en las disciplinas de Estudios y Proyectos, Construcción, y Administración de la Obra Pública. Durante ese tiempo participó en la construcción de carreteras, puentes, sistemas de agua potable y alcantarillado, conjuntos habitacionales, lumbreras, sistema de riego, mercado y escuelas. Además, participó en la construcción del sistema colectivo de transporte de la Ciudad de México "Metro", sistemas eólicos para producción de energía eléctrica, perforación de pozos, acueductos y otros. Pero las obras que más lo enorgullecen fueron las relacionadas con las acciones emergentes suscitadas por los desastres naturales como en el sismo de la Ciudad de México, las inundaciones en Veracruz, Acapulco y Chalco. Estas obras le permitieron realizar acciones encaminadas a mitigar el dolor, la impotencia y la desesperanza de muchos mexicanos. Con ellos, trabajó hombro a hombro para resguardar sus bienes y seguridad personal.

El ingeniero vivió muchos retos al realizar estos proyectos, pero siempre agradeció la oportunidad que tuvo y consideró un privilegio el poder participar en la Planeación, la Construcción y la Administración de la Obra Pública.

En el 2006, el ingeniero Munguía recibió un reconocimiento de La Universidad Autónoma del Estado de México a través de la Facultad de ingeniería en el marco de su 50 aniversario, por formar parte de "Los Primeros Once Egresados Titulados" de este organismo académico.

Arturo Munguía Sánchez se casó con la mujer de su vida, a quien conoce cuando él tiene 20 años y con quien lleva casado más de 50 años. Actualmente en el 2022, viven tranquilamente en su casa que construyeron a la orilla del mar en el estado de Quintana Roo, México. Arturo reconoce el esfuerzo, sacrificio y dedicación de su esposa María de Lourdes con quien ha recorrido el camino de la vida y quien con amor sirve de apoyo levantándolo cuando ha caído. Arturo con María de Lourdes construyó la familia que soñaba y sus tres hijos, sus nueras y nietos lo admiran, respetan y aman.

Si alguien le pidiera a Arturo describir su vida en tres palabras contestaría que su vida ha sido interesante, divertida y feliz.

Gracias Papá, por enseñarnos que la vida es una aventura y que los sueños de tener un futuro mejor se pueden alcanzar. AMMx3

El ingeniero Alberto Munguía Mireles es egresado de la Universidad Iberoamérica AC de la Ciudad de México. Adquirió el interés por la ingeniería civil a temprana edad por influencia de su padre, con quien visitaba obras en construcción y con quien semanalmente todavía conversa para platicar sus historias y recibir sus consejos. Como estudiante, trabajaba para ICA Construcción Urbana con el puesto de Auxiliar Técnico en obras aledañas a la Ibero, una vez graduado, trabajó en obras importantes en diferentes estados de la República Mexicana hasta emigrar a los Estado Unidos en el año 2000.

Munguía es un Ingeniero Civil Mexicano de profesión que acreditó un examen profesional para obtener su licencia de Ingeniero Civil en los Estados Unidos. Alberto es también Profesional de Gestión de Proyectos por especialización. El Ing. Munguía tiene un certificado internacional otorgado por el Project Management Institute. También obtuvo certificaciones del American Concrete Institute, la Asphalt Hot Mix Association, Bureau Veritas, el Construction Estimating Institute y las universidades de Boston y Columbia en USA. El ingeniero es miembro de la Sociedad Americana de Ingenieros Civiles y de la Coalición Road to Zero. El Ing. Munguía aporta más de treinta años de experiencia en la prestación de servicios de ingeniería durante la construcción e inspección de proyectos de infraestructura con experiencia técnica en obras viales, puentes y construcción de servicios públicos.

Alberto ha trabajado como Contratista, Representante de Propietarios y Consultor de Supervisión en roles como Inspector, Jefe de Inspectores, Administrativo, Programador de Obras, Coordinador de Movilidad, Ingeniero Residente y Gerente de Proyecto, lo que le permite anticipar posibles resultados para mitigar el riesgo.

El Ing. Munguía posee conocimiento de todos los procesos de planificación, organización, administración de personal, ejecución y control que una organización de Ingeniería e Inspección de Construcción necesita para funcionar diariamente.

La idea de este capitulo es mostrar al joven egresado las actividades que un ingeniero dedicado a la administración y supervisión de la construcción puede realizar. La vida nos lleva a todos por diferentes caminos y en muchas ocasiones no sabemos que hacer o que decisión tomar. Para esos días en los que no sepan que hacer o que decisión tomar, Alberto les comparte el consejo de su padre:

"Cuando tengas duda y no sepas que hacer, no te dejes llevar por la vida…Dejate llevar por los sueños"

Y así con esa idea en la mente, Alberto comparte su experiencia laboral.

Director de Ingeniería de Construcción y Servicios de Inspección

Arcadis US (Agosto 2021 - Presente)

El Ing. Munguía dirige el complejo y especializado programa de administración e inspección de ingeniería de construcción en Texas, busca proyectos, presenta las propuestas, establece y monitorea el alcance y el presupuesto del proyecto, se asegura de que el trabajo se realice de acuerdo con el contrato acordado y obtiene diligentemente las modificaciones según sea necesario. Munguía también utiliza software de administración de proyectos apropiado para realizar un seguimiento de las tareas y los plazos del proyecto, administrando y supervisando las asignaciones de personal en los proyectos y revisando los programas de obra. En su función, Munguía comunica conceptos de alto nivel con miembros del equipo, grupos internos y entidades externas, incluidos clientes, sub-consultantes y agencias gubernamentales relevantes. Identifica y propone soluciones a problemas de construcción en coordinación con contratistas y subcontratistas, con la Misión de optimizar las comunicaciones entre el Contratista, el Propietario, el público y el equipo de supervisión. Alberto alcanza metas practicando la inteligencia emocional, proporcionando herramientas y monitoreando indicadores que ayudan al equipo a resolver los problemas que enfrentamos al modificar el entorno en nombre de la sociedad. Pero lo más importante, recordando que las relaciones exitosas se basan en el beneficio mutuo, la voluntad de compartir conocimientos y la confianza. En el rol de Sub-consultantes, Alberto apoya al consultor principal como Gerente de Proyecto, Ingeniero

Residente, Superintendente, Gerente de Programación o Coordinador de Movilidad dependiendo de las necesidades.

Gerente de Proyectos Sr. - Ingeniero de Construcción y Programador

TranSystems (agosto de 2020 – agosto de 2021)

En el puesto de Gerente de Proyecto Senior / Ingeniero de Construcción, el Ing. Munguía fue responsable de manejar las operaciones diarias durante la reconstrucción de puentes y la rehabilitación de la carpeta asfáltica en un segmento de 40 millas de la autopista SH-130 cerca de Austin, Texas. Alberto se reunió con el cliente, proporcionó Servicios de Ingeniería de Construcción e Inspección, e identificó y propuso soluciones a problemas de construcción en coordinación con contratistas y subcontratistas, administrando requerimientos, órdenes de cambio, no-conformidades y estimaciones mensuales.

Munguía también actuó como Gerente de Programación de Construcción analizando el programa inicial del contratista, rastreando los cambios y asignando responsabilidades de demora cada mes. Utilizó MS Project para identificar las actividades críticas, medir el impacto de los retrasos causados por el propietario o el contratista, y proporcionó recomendaciones para llegar a un acuerdo sobre la finalización sustancial del proyecto.

Coordinador de Movilidad en la Construcción (A Nivel de Programa)

Entech Civil Engineers en el TXDOT Distrito de Austin (febrero de 2017 – agosto de 2020)

El Ing. Munguía ayudó al Departamento de Transportación de Texas a reducir el impacto para el público viajante afectado debido a las actividades de construcción en varios proyectos a lo largo de 79 millas en el corredor I-35. Alberto diseñó el método actual utilizado para seleccionar el mejor día y hora para cerrar los carriles centrales debido a la construcción. Trabajó en estrecha colaboración con el Centro de Investigación de Transporte (CTR) y el Instituto de Transporte de Texas (TTI), monitoreando los impactos debidos al tráfico y los incidentes. El Ing. Munguía lideró equipos que desarrollaban herramientas, revisó los procedimientos y mejoró las implementaciones de la tecnología usada para definir Zonas de Trabajo Inteligente a lo largo de segmentos de la I-35. Fue responsable de monitorear, detectar y resolver problemas en la utilización de sistemas implementados para disminuir accidentes cuando los vehículos se detienen durante los cierres. Identificó y propuso soluciones para mitigar los incidentes de tráfico durante los cambios de patrón en la carretera. Alberto trabajó en estrecha colaboración con las Oficinas de Área y el Contratista para coordinar con otras agencias como el Departamento de Policía de Austin, el Departamento de Bomberos de Austin y la Ciudad de Austin. Munguía revisó el programa de obra del Contratista y predecía la finalización del proyecto informando al Departamento de discrepancias y expectativas realistas de terminación basadas en el desempeño histórico del Contratista. Alberto se reunía periódicamente con la alta dirección y preparaba informes. Estimaba los impactos del tráfico y asesoraba a los ingenieros de TxDOT proponiendo alternativas.

Gerente de Proyectos, Ingeniero de Construcción, Programador, Estimador y Gerente de Calidad

Entech Civil Engineers, Tradeco, PTP Transportation, Del Rio Construction Management, Jay Miller & Sundown Construction e Ingenieros Civiles Asociados "ICA" (enero de 1993 – enero de 2017)

En el cargo de Gerente de Construcción, el Ing. Munguía fue responsable de la administración de la construcción, el aseguramiento de la calidad, la topografía y las estimaciones, incluida la implementación de sistemas de calidad, el análisis de retrasos de obra, el presupuesto, la negociación de contratos, las metodologías de prueba para concreto, materiales del suelo, la presión hidrostática en tuberías, la calidad del agua y la prevención y el control de la contracción y el agrietamiento térmico en estructuras de concreto. La amplia experiencia de Alberto en gestión de la construcción incluye la construcción de puentes, carreteras, plantas de aguas residuales, tanques elevados para almacenamiento de agua, estaciones de bombeo, tuberías de agua, líneas de aguas residuales. Munguía fue responsable de las operaciones diarias de administración de la construcción, pero también adquirió experiencia para realizar la evaluación de proyectos y definir el alcance de los proyectos. Alberto realizó análisis de participantes claves interesados en el proyecto e identificó riesgos mayores en nuevos proyectos. Fue responsable de desarrollar relaciones comerciales, evaluar los requisitos detallados del proyecto, crear estructuras de desglose de trabajo para controlar y monitorear los procesos de construcción, diseñar e implementar el control del sistema de documentos, desarrollar el programa de construcción de proyectos, revisar disputas y reclamos contractuales, recomendar soluciones oportunas para cumplir con los planos y especificaciones y obtener y administrar los recursos del proyecto. Alberto fue responsable de investigar y analizar las correspondencias entrantes, informes y otros materiales escritos. Utilizó software relacionado con la construcción como Neodata, P6, Microsoft Project, SiteManager, Excel, Quest Solution Digitizing System for Estimating, RS Means Estimating system, CEIA Cost, Bluebeam y AutoCAD para crear estimaciones, monitorear y controlar los proyectos.

En el cargo de Ingeniero de Campo, Analista de Precios y Gerente de Aseguramiento de Calidad, el Ing. Munguía fue responsable de garantizar que se alcanzara la calidad de la construcción en todos los proyectos a través del cumplimiento de los estándares de calidad, las pruebas de materiales y los requisitos del programa de calidad. Ayudó a resolver problemas o tendencias de calidad basados en datos de gerentes de proyectos y una variedad de fuentes. Alberto recomendó e implementó acciones correctivas apropiadas para problemas de calidad en conjunto con ingeniería de construcción, ingeniería de diseño, compras, administración y el cliente. Preparó estimaciones del costo probable de materiales, mano de obra, equipo, indirectos, utilidades, impuestos y bonos, para proyectos de construcción basados en licitaciones públicas. Munguía asesoró sobre los procedimientos de contratación, examinó y analizó las tendencias, recomendó la adjudicación de contratos y llevó a cabo negociaciones. Estableció y mantuvo el proceso de contratos y estableció sistemas y procedimientos de monitoreo de costos y presentación de informes. Alberto preparó y mantuvo un directorio de proveedores, contratistas y subcontratistas.

Consultó y se comunicó con ingenieros, arquitectos, propietarios, contratistas, subcontratistas y preparó estudios de viabilidad económica sobre cambios de ajuste a las estimaciones de costos. Munguía documentó, analizó, preparó y presentó órdenes de cambio. Realizó cuantificaciones de materiales en varios tipos de proyectos (Concreto, acero de refuerzo, cimbras, tuberías, accesorios, cortes y rellenos, etcétera).

Como Programador de Obra, Alberto trabajó con equipos dibujando diagramas de precedencia de actividades y desarrollando cronogramas de construcción en Primavera Project Planner P6 para carreteras, construcción de puentes y trabajos de servicios públicos. Utilizó el software Claim Digger o Schedule Validator para comparar el plan revisado mensual del contratista el programa inicial, creando informes que muestran los cambios y actividades eliminadas. Monitoreó los cambios en la ruta crítica, los retrasos concurrentes y proporcionó interpretación para resolver disputas. Munguía también analizó los cronogramas P6 y desarrolló curvas S para calcular el índice de rendimiento del cronograma. Además, estimó las probabilidades de terminar el proyecto en una fecha específica.

P.E.	Ingeniero Profesional "Professional Engineer". Es un ingeniero con experiencia que ha pasado el examen de Principios y Practicas de ingeniería administrado por NCEES.
NCEES	El Consejo Nacional de Examinadores de Ingeniería y Topografía. " The National Council of Examiners for Engineering and Surveying". Es una organización sin fines de lucro dedicada a promover la licencia profesional para ingenieros y topógrafos en los Estados Unidos.
PMP	Profesional de Gestión de Proyectos. "Project Management Professional". El PMP es el estándar de oro de la certificación de gestión de proyectos. Reconocido y demandado por organizaciones de todo el mundo, el PMP valida su competencia para desempeñar el papel de un director de proyecto, liderando y dirigiendo proyectos y personal. La certificación de PMP es otorgada por el PMI
PMI	Instituto de Gestión de Proyectos. "Project Management Institute". Es la asociación líder mundial para aquellos que consideran la administración de proyectos, programas o portafolios su profesión.
M. ASCE	Miembro de la Sociedad Americana de Ingenieros Civiles. "Member of the American Society of Civil Engineers"

1. El inspector, supervisor o persona encargada de construcción debe comenzar sus deberes con la profunda comprensión de que la responsabilidad de documentar riesgos es un requisito fundamental del puesto.

    a. Cierto

    b. Falso

2. ¿Existe una alta probabilidad de que la mayor parte de la información escrita en los reportes diarios nunca sea consultada porque no hubo problemas?

    a. Cierto

    b. Falso

3. ¿Porque es importante hacer reportes diarios en un grado aceptable de detalle?

    a. Cuando hay un problema se necesitará información muy detallada para resolverlo

    b. Para ayudar a definir responsabilidades entre las partes

    c. Para identificar, documentar y mitigar riesgos

    d. Para ayudar en el análisis de precios extraordinarios

    e. Todas las opciones listadas arriba

4. Son responsabilidades del Inspector:

    a. Informar al contratista sobre los incumplimientos del contrato

    b. Indicar al contratista como administrar sus recursos de mano de obra y maquinaria para eficientizar los trabajos

c. Informar al contratista oportunamente sobre los incumplimientos del contrato y tener una clara comprensión de las especificaciones antes del comienzo de los trabajos

d. Lo indicado en a, b, y c.

e. Lo indicado en c. solamente

5. Son buenas prácticas para mantener una buena relación entre el contratista y el inspector:

a. Mantener buenos canales de comunicación, ser estricto en la aplicación de la especificación, pero ser razonable.

b. El contratista debe buscar como disminuir la calidad del proyecto para acelerar la construcción y terminar en el tiempo acordado

c. El inspector debe asegurarse de buscar maneras de evitar pagar por trabajos hechos por el contratista para mantener el proyecto dentro del precio estipulado

d. Encontrar ambigüedades en planos y especificaciones durante el colado de una estructura

e. Inspeccionar los trabajos al final del proceso constructivo para determinar si se cumple o no con la especificación

6. ¿Porque el inspector debe asumir que los trabajos del contratista incluyen defectos que deben corregirse, en vez de asumir que el trabajo se está haciendo bien?

a. Si se asume que los trabajos están bien hechos se relaja la inspección

b. Todos incluyendo los mejores contratistas pueden cometer errores y la oportuna inspección evita que ocurran

c. Es frecuente que cuando el contratista se acostumbra al proyecto su vista deje de distinguir cuando algo está mal.

d. La inspección antes, durante y después es necesaria para mejorar procesos constructivos

e. Todas las repuestas anteriores

7. Los inspectores pueden rechazar el trabajo o los materiales y pueden suspender el trabajo hasta que cualquier problema pueda ser referido y decidido por el ingeniero.

a. Cierto

b. Falso

8. Los inspectores pueden alterar, agregar o renunciar a las disposiciones del contrato, emitir instrucciones contrarias al contrato, actuar como un contratista o interferir con la gestión de la obra

a. Cierto

b. Falso

9. Son instrucciones generales para escribir reportes diarios

a. No deje abiertos problemas sin resolver

b. Sea objetivo sobre la información proporcionada

c. Anote especulaciones y opiniones personales

d. Ser breve no es aceptable

e. Solamente a. y b.

10. Son causas de pérdida de productividad

a. Disponibilidad de materiales y/o equipos de construcción

b. Trato irrespetuoso de los trabajadores

c. Comunicación inadecuada entre el personal

d. La falta de herramientas necesarias para hacer el trabajo

e. Todas las respuestas anteriores

11. Si el inspector nota discrepancias en el proyecto es su responsabilidad:

a. Analizar la situación y hacer las correcciones necesarias al diseño

b. Eliminar los requerimientos que no son claros

c. Pedirle al contratista que haga lo más conveniente para resolver el problema

d. Escalar el problema a los niveles superiores y solicitar la revisión del proyecto para que se tome una decisión.

e. Informarle al contratista que contacte al diseñador del proyecto para obtener clarificación de los requerimientos

12. Tener notas en el reporte diario que soporten llevar un buen control presupuestal es importante porque:

a. Las notas pueden incluir detalles de los trabajos realizados como la fecha, la ubicación y la cantidad de obra ejecutada que respalden la solicitud de más recursos.

b. Un buen control presupuestal permite informar al cliente oportunamente si los recursos contratados serán suficientes o se necesitarán más para terminar el proyecto.

c. En realidad, no importan para el control presupuestal puesto que existen otros formatos diseñados para eso.

d. Respuestas contenidas en a, b y c

e. Respuestas contenidas en a y b solamente

13. Para trabajos fuera de presupuesto. ¿Cuál es la información que se espera haya registrado el inspector en su reporte diario?

a. Una nota donde se identifica que los trabajos realizados son extraordinarios

b. En adición a la respuesta en el inciso a. Se espera ver datos que ayuden a determinar los rendimientos reales de la actividad y los recursos utilizados para determinar su precio unitario.

c. El nombre del contratista realizando los trabajos.

d. La respuesta en a. y c.

e. La respuesta en a.

14. Para que el inspector reconozca situaciones inusuales como cambio inesperado de materiales en excavaciones, es necesario el buen conocimiento de planos y especificaciones para tener claro el alcance de los trabajos y entender lo que los precios del contratista incluyen.

a. Falso

b. Cierto

15. ¿Es conveniente que el supervisor tenga anotaciones referentes a resultados inusuales de pruebas?

a. Falso

b. Cierto

16. ¿Cuáles son algunas de las ventajas de utilizar aplicaciones basada en fotos para crear reportes diarios?

a. Porque permite a los usuarios tomar fotos en teléfonos celulares o tabletas, escribir una narrativa o descripción de la imagen y agregar una etiqueta.

b. El software utiliza las etiquetas para filtrar las fotografías u otra información para su uso posterior en informes.

c. Las secciones de etiquetas son personalizables y preestablecidas para acelerar la entrada de datos.

d. La respuesta en a.

e. Las repuestas en a. b. y c.

17. ¿Es importante que los Gerentes de la obra aprovechen cada oportunidad que se presente para entrenar a inspectores compartiendo observaciones y mencionando la razón de escribir una nota en particular?

a. Cierto

b. Falso

18. ¿En qué campo se escribe la nota resaltando el problema o tema de importancia por el que se tomó la foto para el reporte?

a. En el campo de Etiquetas

b. En el campo de Concepto

c. Sobre la foto

d. En el campo de Descripción

e. La respuesta en a. b. c. y d.

19. ¿Cuál es la idea principal para incluir Etiquetas en las fotos?

a. Poder filtrar la información para encontrar datos rápidamente.

b. Cada imagen por sí misma ayuda a clarificar el reporte descrito en forma narrativa.

c. Una imagen con una breve descripción facilita la comunicación entre el personal en campo y la oficina.

d. La respuesta en a. y c.

e. La respuesta en a. y b.

20. Son beneficios de utilizar una aplicación para la generación de Reportes Diarios:

a. El software crea un informe que incluye todas las observaciones del día.

b. Las notas son presentadas en orden cronológico de acuerdo con la hora de entrada de los datos y presenta un resumen del equipo, la mano de obra, cantidades de trabajo realizado y condiciones climáticas.

c. Puede ahorra muchas horas de trabajo a los inspectores y gerentes de construcción porque les permite buscar y recuperar información más rápidamente que los informes escritos a mano.

d. Respuesta en a. y c.

e. Respuesta en a. b. y c.

21. ¿Los Reportes Diarios y las Bitácoras de Obra son lo mismo?

a. Cierto

b. Falso

22. ¿La aplicación para la generación de reporte diarios mencionada en el texto es adecuada para un Contratista?

a. Falso

b. Cierto

23. ¿Porque es necesario mantener un sistema de archivo y un sistema que resuma los problemas, soluciones y riesgos de proyectos?

a. Porque tal vez sea necesario responder en un futuro a preguntas relacionadas con problemas o soluciones.

b. Para proteger los intereses de la empresa y muchas veces el interés personal.

c. Esta documentación de la experiencia puede ayudarnos algún día en avanzar la carrera profesional.

d. Es muy probable que algunos de los problemas que vamos resolviendo se presenten en el futuro en otros proyectos similares.

e. Las respuestas en a. b. c. y d.

24. ¿Cómo podemos transmitir el aprendizaje adquirido a nuestros equipos de trabajo con la idea de no repetir el mismo error?

a. Describiendo el problema que tuvimos y las soluciones que se aplicaron.

b. Resumiendo la experiencia en lecciones que aprendimos.

c. Implementando un sistema efectivo para coleccionar y compartir las historias con los demás.

d. Monitoreando los riesgos latentes y tomando acciones que los eliminen o minimicen.

e. La respuesta en a. b. c. y d.

25. El reporte de lecciones aprendidas podemos dividirlo en dos. Una base de datos para resumen de problemas/soluciones y otra base de datos para lecciones aprendidas.

a. Cierto

b. Falso

26. ¿Centros de Colaboración forman parte central de las herramientas que los empleados tienen para compartir conocimiento a nivel mundial, impulsar la eficiencia y promover el intercambio de conocimientos?

a. Cierto

b. Falso

Respuestas de Examen

(Ver siguiente página)

(Ver siguiente página)

Respuestas de Examen

1. A	16. E
2. A	17. A
3. E	18. D
4. E	19. A
5. A	20. E
6. E	21. B
7. A	22. A
8. B	23. E
9. E	24. E
10.E	25. A
11.D	26. A
12.E	
13.B	
14.B	
15.B	